U0344788

本书编写组成员

主　编：黄启飞

副主编：杨子良　张信伟　聂志强

参　编（按汉语拼音排序）：

傅海辉　高新华　何　洁

杨玉飞　岳　波　朱雪梅

重点行业二噁英控制技术手册

Ⅱ

黄启飞　主编

杨子良　张信伟　聂志强　副主编

中国环境出版社·北京

图书在版编目（CIP）数据

重点行业二噁英控制技术手册. 2/黄启飞主编. —北京：中国环境出版社，2015.8
ISBN 978-7-5111-2478-4

Ⅰ. ①重… Ⅱ. ①黄… Ⅲ. ①二噁英—有机污染物—污染防治—技术手册 Ⅳ. ①X5-62

中国版本图书馆 CIP 数据核字（2015）第 170458 号

出 版 人 王新程
责任编辑 李卫民
责任校对 尹 芳
封面设计 宋 瑞

出版发行 中国环境出版社
（100062 北京市东城区广渠门内大街 16 号）
网　　址：http://www.cesp.com.cn
电子邮箱：bjgl@cesp.com.cn
联系电话：010-67112765（编辑管理部）
发行热线：010-67125803，010-67113405（传真）
印　　刷 北京市联华印刷厂
经　　销 各地新华书店
版　　次 2015 年 8 月第 1 版
印　　次 2015 年 8 月第 1 次印刷
开　　本 787×1092 1/16
印　　张 6.5
字　　数 84 千字
定　　价 14.00 元

前 言

二噁英（Dioxin）是多氯代二苯并-对-二噁英（Polychlorinated dibenzo-p-dioxins，PCDDs）和多氯代二苯并呋喃（Polychlorinated dibenzofurans，PCDFs）的总称，它们是氯代三环芳烃类化合物。

二噁英是《关于持久性有机污染物的斯德哥尔摩公约》（以下简称《斯德哥尔摩公约》）首批管控的持久性有机污染物（POPs）之一，具有下列特性：（1）环境持久性强：能在环境中存留几十年甚至更长时间；（2）生物累积性强：对于鱼类的生物富集因子（BCF）为 3 000 ~ 50 000；（3）人体滞留期长：在成人体内半衰期为 7 ~ 12 年；（4）生物危害性大：对生物体具有不可逆的“三致”毒性，即致畸、致癌、致突变性。根据《斯德哥尔摩公约》，下列工业来源类别是主要排放源：（1）废物焚烧炉，包括城市生活垃圾、危险废物或医疗废物、下水道污泥焚烧炉；（2）共处置危险废物的水泥窑；（3）以元素氯或可生成元素氯的化学品为漂白剂的纸浆生产；（4）冶金工业中的热处理过程，包括再生有色金属生产、铁矿石烧结、炼钢生产。

为摸清我国 POPs 底数，原国家环境保护总局（现环境保护部）于 2006—2008 年开展了全国持久性有机污染物调查工作，初步掌握了我国主要行业二噁英排放源现状；2009 年、2010 年继续组织开展了更新调查工作，掌握了二噁英排放源动态变化情况。2011 年起实施了 POPs 统计报表制度，将 10 类二噁英排放源和含多氯联苯（PCBs）电力设施纳入国家统计制度体系，并每年进行统计汇总。

公开的资料显示：我国 2006 年 17 个调查的二噁英排放行业中共有 2.57 万台排放装置，二噁英排放总量约为 6.6 kg TEQ（千克毒性当量），其中铁矿石烧结、炼钢生产、再生有色金属生产、废弃物焚烧四个主要排放行业共有 0.67 台排放装置，排放二噁英约 5.3 kg TEQ，占我国二噁英排放总量的 83%。

编写组在手册Ⅰ中已经对当前我国二噁英相关环境保护工作概况进行了介绍，同时针对再生有色金属生产行业（包括铜、铝、铅、锌）和废弃物焚烧行业，介绍了行业发展现状和二噁英环境管理的法规标准，提出了二噁英控制的要求与推荐技术措施。本手册将对二噁英的基本信息和国际上相关管理要求与经验进行介绍，重点针对电弧炉炼钢和铁矿石烧结两个行业，介绍相关的法律、法规和标准，并根据上述行业的二噁英产生及排放特点，提出控制要求和技术推荐。

本手册共分 5 章，第一章介绍了二噁英的特性、危害和国际公约的管控要求；第二章根据已有的数据，介绍、推算了我国钢铁行业二噁英的排放情况，并介绍了钢铁行业二噁英的产生机理；第三章介绍了联合国环境规划署二噁英污染控制最佳可行技术（Best Available Techniques，BAT）和最佳环境实践（Best Environmental Practices，BEP）中针对钢铁行业的具体要求，并分析了其技术要求和适用性；第四章和

第五章从行业发展、生产工艺、二噁英形成因素、推荐技术、典型案例等方面，分别介绍了电弧炉炼钢行业和铁矿石烧结行业的二噁英污染控制要求与技术。

本手册可供工程管理及技术人员和各级化学品及固体废物管理部门的工作人员参考，也可为相关行业的科研人员和教师提供参考。

本手册在编写过程中参考了前辈学者的著作以及相关领域的科研成果，特向这些学者致以深深的谢意。限于水平，本手册存在疏漏在所难免，敬请各位专家、同行和广大读者批评指正。

编者

2014 年 12 月

目　录

第一章　二噁英的特性和危害

二噁英是二噁英类（Dioxins）持久性有机污染物的简称，包括多氯代二苯并-对-二噁英（PCDDs）和多氯代二苯并呋喃（PCDFs）两大类共 210 种化合物，本手册中简称二噁英或 PCDD/Fs。

二噁英（PCDD/Fs）是一类含氧的氯代三环芳烃类化合物，这些化合物具有类似的化学结构和物理化学性质，它们的母体结构如图 1-1 所示。

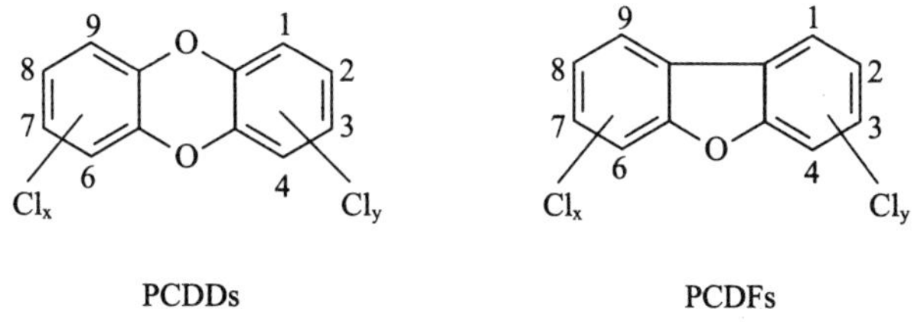

PCDDs　　PCDFs

图 1-1　多氯代二苯并-对-二噁英和多氯代二苯并呋喃

在二噁英中，氯原子取代了氢原子，氯原子的取代数目为 1～8，取代位置可以是图 1-1 中的位置 1 到位置 9 中任意一个或任意组合。根据氯原子取代数目和取代位置的不同，二噁英共有 210 种异构体，其中包括 75 种 PCDDs 和 135 种 PCDFs（表 1-1）。

表 1-1　二噁英异构体数目

序号	氯原子数目	PCDDs		PCDFs	
		同类物名称	异构体数目	同类物名称	异构体数目
1	1	MoCDD	2	MoCDF	4
2	2	DiCDD	10	DiCDF	16
3	3	TrCDD	14	TrCDF	28
4	4	TCDD	22	TCDF	38
5	5	PeCDD	14	PeCDF	28
6	6	HxCDD	10	HxCDF	16
7	7	HpCDD	2	HpCDF	4
8	8	OCDD	1	OCDF	1
合计		PCDDs	75	PCDFs	135

到目前为止，二噁英还没有技术上的用途，除了科研目的外，人类从来没有进行过二噁英的有意生产。环境中的二噁英主要来源于人类生产过程中释放的副产物，例如废弃物焚烧、有机氯化学品生产、金属冶炼、纸浆氯气漂白等过程都会产生二噁英。二噁英广泛分布于全球环境介质中，其化学性质稳定，难以生物降解，已证实此类化合物可在食物链中富集。

1.1　二噁英的鉴别信息

二噁英在常温下为无色至白色的固体，极难溶于水，对热、酸、碱、氧化剂都相当稳定，土壤中的半衰期约为 12 年，成人体内半衰期多在 7～12 年，生物降解也比较困难，因此它们在环境中能长期存在。在太阳光的照射下，环境中的二噁英能发生光化学反应，光化学降解的半衰期约为 8.3 天，是环境中二噁英降解的重要途径。

以下以 2,3,7,8-TCDD 和 2,3,7,8-TCDF 为例，列出它们的鉴别信息。

2,3,7,8-TCDD 的鉴别信息：

英文名称：2,3,7,8-TCDD
中文化学命名：2,3,7,8-四氯二苯并-对-二噁英
英文化学命名：2,3,7,8-tetrachlorodibenzo-p-dioxin
CAS 登记号：1746-01-6
RTECS：HP3500000

2,3,7,8-TCDF 的鉴别信息：

英文名称：2,3,7,8-TCDF
中文化学命名：2,3,7,8-四氯二苯并呋喃
英文化学命名：2,3,7,8-tetrachlorodibenzofuran
CAS 登记号：51207-31-9
RTECS：HP5295200

1.2 二噁英的危害

二噁英被称为“世纪之毒”，可以通过皮肤、呼吸道和消化道三种途径进入人体。总体来说，二噁英具有显著的毒性和内分泌干扰作用，对人类能产生许多负面影响，包括免疫系统和酶的紊乱以及氯痤疮的产生。暴露在含有二噁英的环境中，会引起忧郁、失眠、头痛、失聪等病症，还可能导致染色体损伤、心力衰竭等，甚至导致不可逆的致畸、致癌、致突变性。此外，它还有生殖毒性、免疫毒性及内分泌毒性，动物实验表明：二噁英对动物会产生不同的影响，其中包括畸形幼体及死胎的增加，暴露于这些物质的鱼类会在短期内死亡。有专家认为，人类暴露在含二噁英的环境中可能导致男性因精子数量明显减少而丧失生育能力，女性青春期提前，孕妇自发性流产，胎儿生长不良，哺乳期婴儿发育迟缓、免疫功能低下等。

随着研究的深入，人们发现二噁英类物质的毒性相差很大，其中氯原子数目低于 3 个的二噁英毒性极低甚至不具有毒性，而含有 4～8 个氯原子的同类物毒性较大。在 PCDD/Fs 的多种异构体当中，2，3，7，8 位置上被氯原子取代的 PCDD/Fs 毒性较强，其中 2,3,7,8-四氯二苯并-对-二噁英（2,3,7,8-TCDD）是目前已知毒性最强的化合物，其毒性以半数致死量（LD_{50}）表示，对豚鼠半致死剂量仅为每千克体重 0.6 μg（是氰化钾对豚鼠的半致死剂量的 1.3 万倍）。

二噁英具有强致癌效应，可引发生物体多系统多部位恶性肿瘤，其中 2,3,7,8-TCDD 的致癌性最强。相关实验和案例发现，对四种动物（鱼、大鼠、小鼠、仓鼠）进行的 19 次毒性研究实验结果均呈阳性；对唾齿类动物进行的多次 2,3,7,8-TCDD 染毒实验，结果引发了多部位的肿瘤；小鼠的最低致肝癌剂量甚至低达 10 ng/kg，因此世界卫生组织（WHO）的分支机构国际癌症研究机构（IARC）在 1997 年 2 月 14 日的报告中将 2,3,7,8-TCDD 列为一级致癌物。

由于环境中的二噁英主要以混合物的形式存在，在对二噁英的毒性进行评价时，国际上常把各同类物折算成相当于 2,3,7,8-TCDD 的量来表示，称为毒性当量（Toxic Equivalent Quangtity，TEQ）。为此引入毒性当量因子（Toxic Equivalency Factor，TEF）的概念，即将某 PCDD/Fs 的毒性与 2,3,7,8-TCDD 的毒性相比得到的系数。样品中某 PCDDs 或 PCDFs 的质量浓度或质量分数与其毒性当量因子 TEF 的乘积，即为其毒性当量（TEQ）质量浓度或质量分数，样品的毒性大小就等于样品中各同类物 TEQ 的总和。

值得注意的是，在对 PCDD、PCDF 以及 PCBs 的复杂混合物进行风险评价时，不同的组织机构出于管理目的开发出了不同的毒性当量因子（TEFs）。作为全球第一份应用方案的国际毒性当量因子（I-TEFs）（NATO/CCMS 1988）仅仅包含 17 种 2,3,7,8-位取代的 PCDD 或 PCDF 同系物。表 1-2 汇总了目前常用的 TEFs。

表 1-2　常用的 TEFs 汇总

同系物	I-TEF	WHO_{1998}-TEF	WHO_{2005}-TEF
PCDDs			
2,3,7,8-Cl_4DD	1	1	1
1,2,3,7,8-Cl_5DD	0.5	1	1
1,2,3,4,7,8-Cl_6DD	0.1	0.1	0.1
1,2,3,6,7,8-Cl_6DD	0.1	0.1	0.1
1,2,3,7,8,9-Cl_6DD	0.1	0.1	0.1
1,2,3,4,6,7,8-Cl_7DD	0.01	0.01	0.01
Cl_8DD	0.001	0.000 1	0.000 3
PCDFs			
2,3,7,8-Cl_4DF	0.1	0.1	0.1
1,2,3,7,8-Cl_5DF	0.05	0.05	0.03
2,3,4,7,8-Cl_5DF	0.5	0.5	0.3
1,2,3,4,7,8-Cl_6DF	0.1	0.1	0.1
1,2,3,6,7,8-Cl_6DF	0.1	0.1	0.1
1,2,3,7,8,9-Cl_6DF	0.1	0.1	0.1
2,3,4,6,7,8-Cl_6DF	0.1	0.1	0.1
1,2,3,4,6,7,8-Cl_7DF	0.01	0.01	0.01
1,2,3,4,7,8,9-Cl_7DF	0.01	0.01	0.01
Cl_8DF	0.001	0.000 1	0.000 3

注：本表来自联合国环境规划署（UNEP）发布的《多氯代二苯并-对-二噁英（PCDDs）、多氯代二苯并呋喃（PCDFs）及其他无意产生 POPs 排放的识别和量化标准工具包》。

二噁英还具有长距离迁移能力，能依靠大气环流长距离迁移，有研究团队在北极等人迹罕至地区的环境中也检测出了二噁英。二噁英有较低的蒸汽压，可从土壤、固体废物表层挥发并凝结在气溶胶上，参加大气的长程传输，迁移距离可达到洲际水平。

二噁英可存积于空气、土壤、食物（肉制品、乳制品、鱼、蛋、蔬菜等）中，二噁英具有亲脂性，生物累积效应很强，可通过食物链在人类身体中累积，很难去除。人体可以通过食品、空气和饮水等途径接触到二噁英，其中食品（特别是肉类）是人类受危害的主要来源，人体接触的二噁英 90%来自膳食方面。

鉴于二噁英对人体健康和生态环境的严重威胁，一些国家、地区和国际组织制定了二噁英的每日可耐受摄入量（Tolerable Daily Intake，TDI）。1998 年世界卫生组织欧洲环境与健康中心和国际化学品安全规划署（WHO-ECEH/IPCS）重新审议了 2,3,7,8-TCDD 的 TDI，并提议将二噁英的 TDI 设定为 1～4 pgTEQ/kg。一些国家根据最新的研究进展，也相继制定或修订了 2,3,7,8-TCDD 或二噁英的 TDI。美国环保局（USEPA）对 2,3,7,8-TCDD 设定的 TDI 值为 0.006 pgTEQ/kg，荷兰、德国对二噁英设定的 TDI 值为 1 pgTEQ/kg，日本对二噁英设定的 TDI 值为 4 pgTEQ/kg，加拿大对二噁英设定的 TDI 值为 10 pgTEQ/kg。

二噁英污染事件通常都会造成严重的影响。1968 年在日本及 20 世纪 70 年代在台湾中部地区发生的食用油中毒事件，即是由多氯联苯产生的二噁英所造成的，这两起中毒事件牵涉数千人，其中死亡人数超过 50 人，死者的胃、肺、肝、脑及淋巴系统发现恶性肿瘤。1976 年 7 月 10 日，意大利赛弗索市的霍夫曼·拉罗其化工厂泄漏了约 20 磅（约 9 kg）的有毒二噁英气体，波及周围 4 500 英亩[①]范围，使 1 000 多居民被迫逃离，许多儿童因此罹患使身体畸形的斑疹。近年来，世界范围内又曝出多起“二噁英事件”。

1999 年 3 月，比利时部分养殖场发生肉鸡生长异常、蛋鸡下蛋少等现象，经检验发现鸡肉、鸡蛋中二噁英含量严重超标，这起事件的源头就是鸡饲料被二噁英污染。受其影响，鸡肉、鸡蛋，甚至部分猪肉、牛肉、牛奶等大量食品被迫下架，全比利时上演了一场食品安全危机。

2004 年 12 月，正在参加乌克兰总统竞选的尤先科二噁英中毒，一度成了政治事件，其血液中二噁英的含量是背景值的 1 000 倍。

2008 年 12 月，葡萄牙检疫部门在从爱尔兰进口的猪肉中检测出二噁英。

2011 年 1 月，同样是因为饲料被二噁英污染，德国下萨克森邦关闭了近 5 000

① 1 英亩≈0.004 km^2。

家农场，销毁了约 10 万颗鸡蛋。有消息称，有疑似被污染的鸡蛋被出口至荷兰等国家。

2014 年 12 月，荷属库拉索兽医局在一次例行检查中发现某屠宰场送检的猪肉样品中含二噁英。

我国台湾省 1983 年在台南湾里地区发生了因露天焚烧废电线电缆造成的二噁英污染事件。在检验台南湾里燃烧废电线电缆所产生的飞灰与燃烧之残渣时，发现飞灰里含有二噁英中毒性最强的 2,3,7,8-TCDD，每立方米空气中含量平均达 0.013 μg；在残渣中平均达 0.31 mg/kg。

在我国大陆地区，人们对二噁英的了解更多来自于“反垃圾焚烧”的抗议活动，包括北京、深圳、广州、杭州在内的众多深受“垃圾围城”之困的大中城市均将焚烧作为处理生活垃圾的主要出路，然而，一些民众、部分环保组织或出于“邻避效应”或出于对企业环保工作的不信任等原因，不断抗议生活垃圾焚烧项目的上马，其中主要的一条理由就是生活垃圾焚烧会产生二噁英。

2009 年，北京市昌平区阿苏卫生活垃圾焚烧发电厂项目建设环境影响评价公示在当地引起强烈反响，附近的人们以各种形式表达对建设垃圾焚烧发电厂的反对和抗议。此后，阿苏卫生活垃圾焚烧发电厂在 2013 年被移出了北京市发改委重点建设项目的名单。

2009 年 11 月 23 日，数百名广东番禺民众排队领取信访号码，抗议垃圾焚烧项目。12 月 10 日，番禺区委书记谭应华表示，因环评阶段遭大部分周边居民反对，广州番禺会江村垃圾焚烧项目已经停止，垃圾焚烧厂的选址需要重新论证。

2014 年，杭州余杭区中泰乡九峰村将规划建造垃圾焚烧发电厂，引发杭州城区居民、中泰乡辖下村等村民的担忧，从 5 月 9 日起，不断有城区居民和中泰乡村民到规划建造垃圾焚烧发电厂的九峰村聚集，并封堵路经当地的省道和高速公路。随后余杭区政府作出退让，称如果没有得到公众“理解支持”，该项目不会开工。

此外，在欧洲相继发生多次二噁英污染饲料的事件后，我国海关和检验检疫部门也加强了对进口饲料及添加剂中二噁英的检测。在 2012 年，宁波检验检疫局在一批来自美国的主要用于猪、牛、鸡等畜禽饲养的饲料添加剂中检出了二噁英，并对该批货物进行了退货处理。2013 年，厦门检验检疫局在从我国台湾地区进口的虾苗饲料中检出二噁英。2013 年，青岛检验检疫局从一批来自西班牙的矿物源性饲料添加剂中检出二噁英，其含量为 2.46 ng/kg，超出了《2013 年度进口饲料及饲料添加剂安全风险监控技术要求表》规定的判定标准。

1.3 二噁英的检测方法

二噁英在环境中的含量极低，种类又多，其检测是环境检测的难点，对采样、前处理及分析过程的要求非常严格（图 1-2 和图 1-3）：要求采样要具有代表性，前处理及分析过程要保证较高的分离度、灵敏度、准确度、可重复性和回收率。目前应用比较广泛的二噁英检测方法是色谱法和生物法。

色谱法是目前国际上普遍认可的二噁英类物质检测标准方法，色谱法检测二噁英需用到的技术是高分辨气相色谱与高分辨质谱联用技术（HRGC-HRMS）。色谱法检测二噁英的优点是可以分离检测并准确定量样品中二噁英的成分，结果的可靠性好；缺点是所用仪器比较昂贵，样品前处理相对烦琐，对实验环境要求严格，检测费用相对较高（图 1-3）。

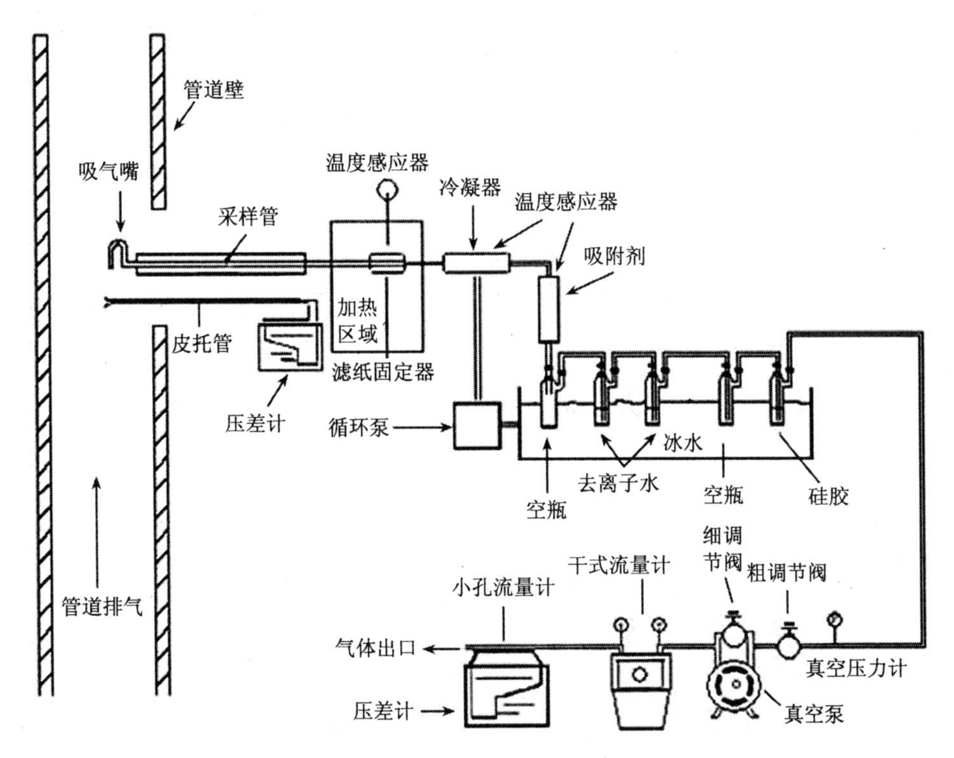

图 1-2　烟气样品中二噁英样品采样器示意图

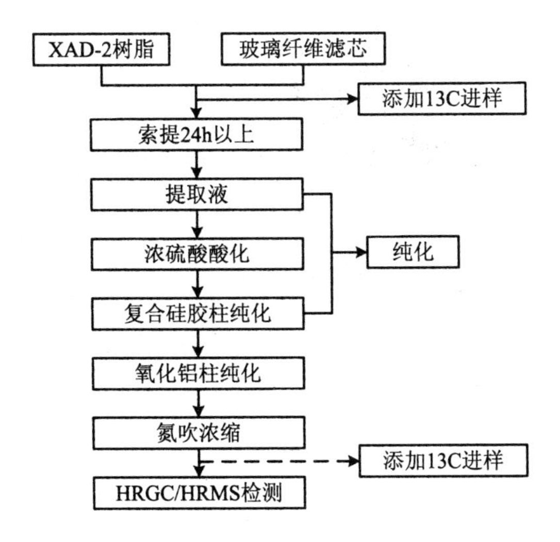

图 1-3　色谱法分析二噁英的流程示意图

1987 年，美国环保局在世界上率先公布并开始采用分辨率在 10 000 以上的 HRGC-HRMS 联用仪二噁英超痕量分析方法，可对全部 17 种 2,3,7,8-位二噁英类氯代异构体进行准确定量。此后，日本、欧盟等西方发达国家以此为基础建立了各自的检测方法。

我国环境保护部于 2008 年年底发布了环境保护保准《固体废物　二噁英类的测定　同位素稀释高分辨气相色谱-高分辨质谱法》（HJ 77.3-2008），以规范固体废物中二噁英的测定方法，这也是我国到目前为止发布的唯一一项测定二噁英含量的环境保护标准方法。

生物法是近年来新发展起来的一种二噁英检测方法，生物法检测的依据是二噁英的毒性作用机理，在一定范围内二噁英的含量和某些酶的活性或特殊基因的表达产物成正比，生物法检测的优点是相对简便、快捷、费用较低，但生物法不能检测二噁英的成分。目前，生物法主要包括酶免疫分析法（EIA）、时间分辨荧光分析法（DELFIA）、表面胞质团共振检测（SPR）和以 Ah 受体为基础的生物检测法。随着生物技术的快速发展，有几种生物检测方法已被美国 EPA 推荐为指导方法。

尽管我国二噁英检测实验室的建设同欧美、日本等发达国家和地区相比还存在一定的差距，但近年来，中国检验检疫科学研究院、国家环境分析测试中心、中国环境监测总站、环境保护部华南环境科学研究所、浙江省环境监测中心、中国科学院生态环境研究中心、上海检测中心、北京大学等多个单位已建立起二噁英检测能力，并在我国二噁英环境检测方面开展了大量工作。

1.4　二噁英污染源与生成机制

1.4.1　二噁英污染源

到目前为止，除用于试验研究外，二噁英还没有确切的工业、农业或商业用途，没有主动生产二噁英的利益驱动。然而，二噁英又是工业活动中常见的副产物，含碳的物质在被加热或燃烧过程中，如物质本身或环境中含氯，就有可能生成二噁英。

为帮助各国确定及量化本国国土内无意产生的POPs，并估算源排放量，2003年，联合国环境规划署（UNEP）发布了《多氯代二苯并-对-二噁英、多氯代二苯并呋喃排放识别与量化标准工具包》，并在2005年和2013年先后进行了两次更新，其中2013年更新时工具包的名称修改为《多氯代二苯并-对-二噁英、多氯代二苯并呋喃及其他无意产生POPs排放的识别与量化标准工具包》。工具包中将二噁英排放源分为四种基本类型，其中三种与当前的排放相关，还有一种与历史活动遗留与积累相关：

- 化工生产过程，例如，氯代苯酚及其他含氯化学品的生产厂家，使用氯气用作化学漂白的纸浆和纸张生产厂家；
- 高温及燃烧工艺，比如废弃物焚烧、固体和液体燃料燃烧、或金属高温加工生产工艺；
- 由前体化合物产生二噁英的生物过程，前体化合物包含商业生产的五氯苯酚等结构上与二噁英相似的化合物；
- 历史上排入过二噁英的水库，以及被污染的土壤和沉积物。

该工具包将目前已知的二噁英及其他无意产生POPs的污染源划分了10大类68个子类，见表1-3所示。

表1-3 二噁英及其他无意产生POPs排放源分类表

编号	污染源主类	污染源子类
1	废弃物焚烧	生活垃圾焚烧
		危险废物焚烧
		医疗废物焚烧
		轻度粉碎垃圾焚烧
		污水处理厂污泥焚烧
		废木材及生物质焚烧
		动物尸体焚烧
2	钢铁和其他金属生产	铁矿石烧结
		焦炭生产
		钢铁生产和铸造
		铜生产
		铝生产
		铅生产
		锌生产
		黄铜青铜生产
		镁生产
		其他金属生产
		金属粉碎
		（以回收金属为目的）焚烧金属导线等线材外皮
3	发电和供热	化石燃料发电厂
		生物质发电厂
		垃圾填埋场、沼气燃烧
		家庭取暖和做饭（生物质能源）
		家庭取暖和做饭（石油能源）
4	矿物产品生产	水泥生产
		石灰生产
		砖瓦生产
		玻璃生产
		陶瓷生产
		沥青加工
		油页岩加工

编号	污染源主类	污染源子类
5	交通	四冲程发动机
		二冲程发动机
		柴油发动机
		重油发动机
6	非受控燃烧过程	生物质焚烧
		垃圾焚烧和火灾
7	生产和使用化学品以及消费品	制浆造纸
		含氯无机化学品
		氯代脂肪烃
		氯代芳香烃
		其他含氯和不含氯的化学品
		石油炼制
		纺织品生产
		制革
8	其他来源	生物质的干燥
		遗体火化
		熏制食品
		纺织品干洗
		吸烟
9	废弃物处理	垃圾填埋场、垃圾堆放场和垃圾填埋回收采矿场
		污水和污水处理
		露天污水排放
		堆肥
		废油处理（不包括热处理）
10	鉴别潜在热点	氯气生产地
		有机氯化物生产地
		含 PCDD 或 PCDF 的农药和化学品的使用场所
		木材加工和处理地
		纺织和制革工厂
		PCB 使用
		使用氯生产金属和无机化学品
		垃圾焚烧炉
		金属行业
		火灾事故
		沉积物疏浚；受污染河滩
		上述 1～9 类废物堆放场或填埋场
		高岭矿或球形黏土地区

注：本表来自联合国环境规划署（UNEP）发布的《多氯代二苯并-对-二噁英（PCDDs）、多氯代二苯并呋喃（PCDFs）及其他无意产生 POPs 排放的识别和量化标准工具包》。

1.4.2 二噁英生成机制

二噁英的生成机理相当复杂，虽然到目前为止尚未完全了解其形成的详细化学反应，但一般认为，二噁英主要是在有碳源、氯源、水分和催化剂的情况下，在加热或燃烧过程中，通过从头合成、前驱物合成和高温气相合成 3 种机理在多相反应中产生的。下面以废弃物焚烧过程为例，对这 3 种形成机理进行简要说明。

（1）从头合成机理

二噁英的从头合成过程通常被认为发生在 250～350℃温度区间，在催化剂的催化作用下，碳与氧、氯、氢通过基元反应生成二噁英。有研究结果表明，碳在氧化过程中，大约 1%的碳会生成氯苯并进一步反应生成二噁英，碳的气化率越高，生成二噁英的可能性越大。图 1-4 归纳了典型焚烧过程中二噁英从头合成机理的生成反应途径。

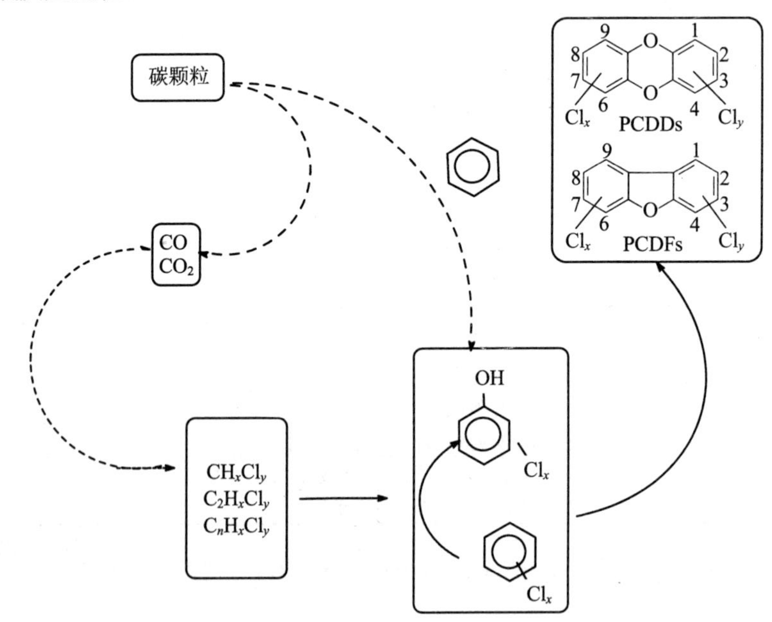

图 1-4 典型焚烧过程中二噁英从头合成机理的生成反应途径

（2）前驱物合成机理

二噁英前驱物合成的最适宜温度在 350℃左右，这些前驱物包括氯苯、氯酚等氯代芳香烃，以及其他脂肪族化合物、芳香族化合物等。

（3）高温气相合成机理

在废弃物燃烧过程中，二噁英的高温气相合成机理可以看作从头合成机理的一部分，废弃物本身含有的大量有机物分子通过重排、自由基缩合、成环化、氯化和其他反应过程会产生少量的 PCDD/Fs。

1.4.3　影响二噁英生成的主要因素

一般认为，只有在适当的温度和水分环境中，存在氯、氧和催化剂（主要是过渡金属）的条件下，才可以生成二噁英。

（1）碳源

不论是在从头合成机理、前驱物合成机理还是高温气相合成机理中，合成反应都需要碳源。碳源是否存在及数量多少，直接影响二噁英的生成量。

（2）氯源

无氯条件下不能生成二噁英，常见的氯源既包括有机氯，如聚氯乙烯（PVC）、氯苯、氯酚等，也包括无机氯，如 HCl、Cl_2、KCl、NaCl、$MgCl_2$、$CuCl_2$、$FeCl_3$ 等。

（3）温度

温度对二噁英的生成有重要影响，二噁英最适宜生成的温度区间为 300～500℃，而当温度达到 1 000℃时二噁英 2 s 内即被破坏分解。

（4）氧浓度

有研究结果显示，在缺氧条件下，二噁英浓度降低，在过氧环境中二噁英浓度大大增加。

（5）催化剂

一般认为，在从头合成反应和前驱物异相催化反应中，即使有足够的碳源和氯源，且有适宜的反应温度，如果没有催化剂的存在，也不会有太多二噁英的生成。不同催化剂的催化活性不同，因而对二噁英生成的影响也不同。常见的催化剂主要有 $CuCl_2$、Cu_2Cl_2、CuO、$CuSO_4$、$FeCl_3$ 等。

（6）水分

水分对二噁英的生成也有一定影响：①作为附加氧源，氢原子的存在降低了二噁英的氯化程度；②提供氢氧自由基，氢氧自由基在二噁英形成过程中起着重要作用；③在飞灰表面与二噁英前驱物进行吸附竞争。

1.5 二噁英的国际管控

由于二噁英具有高毒、难降解、生物蓄积性，在环境中长期存在，且可以在环境中长距离传输，对人类健康和环境造成严重威胁，故被列为《关于持久性有机污染物的斯德哥尔摩公约》（以下简称《斯德哥尔摩公约》）首批管控的物质。

二噁英作为无意排放类 POPs 被列入《斯德哥尔摩公约》附件 C，公约第 5 条规定各缔约方应采取有效措施持续减少此类物质排放，主要包括：

（1）公约对该缔约方生效之日起两年内，制订并实施一项旨在查明附件 C 所列物质排放特点的行动计划；

（2）制定并实施切实可行的措施，尽快减少排放量或消除排放源；

（3）鼓励开发和应用替代或改良的材料、产品和工艺，以防止附件 C 中所列化学品的生成和排放；

（4）按照行动计划的实施时间表，最晚不迟于公约对该缔约方生效之日起四年内，对附件 C 第二部分所列排放源类别中的新排放源使用最佳可行技术；

（5）依据其行动计划，针对以下来源，促进附件C第二部分和第三部分的现有排放源及第三部分所列排放源类别中的新排放源采用最佳可行技术和最佳环境实践；

（6）缔约方可使用排放限值或运行标准来履行其在最佳可行技术方面所作出的承诺。

第二章　我国钢铁行业二噁英排放情况

2.1　二噁英排放源清单调查情况

2.1.1　我国二噁英排放源调查活动

迄今，我国官方共开展了三项（次）二噁英排放源调查项目，均为环境保护部（含原国家环境保护总局）组织开展，分别为：

（1）2006—2008 年，原国家环境保护总局组织开展了全国 POPs 调查，调查范围覆盖了我国全部省级行政区和新疆生产建设兵团，调查行业包括废弃物焚烧、制浆造纸、水泥生产、铁矿石烧结、炼钢生产、焦炭生产、铸铁生产、热浸镀锌钢生产、再生有色金属（铜铝铅锌）生产、镁生产、黄铜和青铜生产、2,4-滴类产品生产、三氯苯酚生产、四氯苯醌生产、氯苯生产、聚氯乙烯生产和遗体火化等 17 个主要二噁英排放行业；

（2）2009 年，在全国 POPs 调查的基础上，环境保护部组织进行了全国 POPs 更新调查，对废弃物焚烧、铁矿石烧结、炼钢生产和再生有色金属生产四个重点行业的二噁英排放源信息进行了更新；

（3）2011 年，经国家统计局批准，环境保护部组织实施了 POPs 统计报表制度，每年对废弃物焚烧、制浆造纸、水泥窑共处置固体废物、铁矿石烧结、炼钢生产、焦炭生产、铸铁生产、再生有色金属生产、镁生产和遗体火化 10 个行业的二噁英排放源信息进行统计。

2.1.2 主要调查结果

通过全国 POPs 调查、更新调查，尤其是后续实施的 POPs 统计报表制度，我国基本掌握了二噁英排放源情况。

2006—2008 年全国 POPs 调查结果显示，所调查的 17 个二噁英排放行业共有 2.57 万台排放装置，2006 年二噁英排放总量约 6.6 kg TEQ，其中铁矿石烧结、炼钢生产、再生有色金属生产、废弃物焚烧四个重点排放行业共有 0.67 万台排放装置，排放二噁英约 5.3 kg TEQ，占我国二噁英排放总量的 83%。

2009 年全国 POPs 更新调查仅对四个重点行业进行了更新，公开数据显示我国 2008 年二噁英排放量约 6 kg TEQ。

截至本书完稿，编者未找到 2011 年起实施的 POPs 统计报表制度公开的二噁英排放情况统计结果。

2.2 钢铁行业二噁英产生机理

钢铁工业包括焦化、铁矿石烧结、高炉炼铁、炼钢等生产工序和流程（图 2-1），其中焦化、烧结、炼钢、铸造这几个工序及再加工过程都是可能产生二噁英的环节。

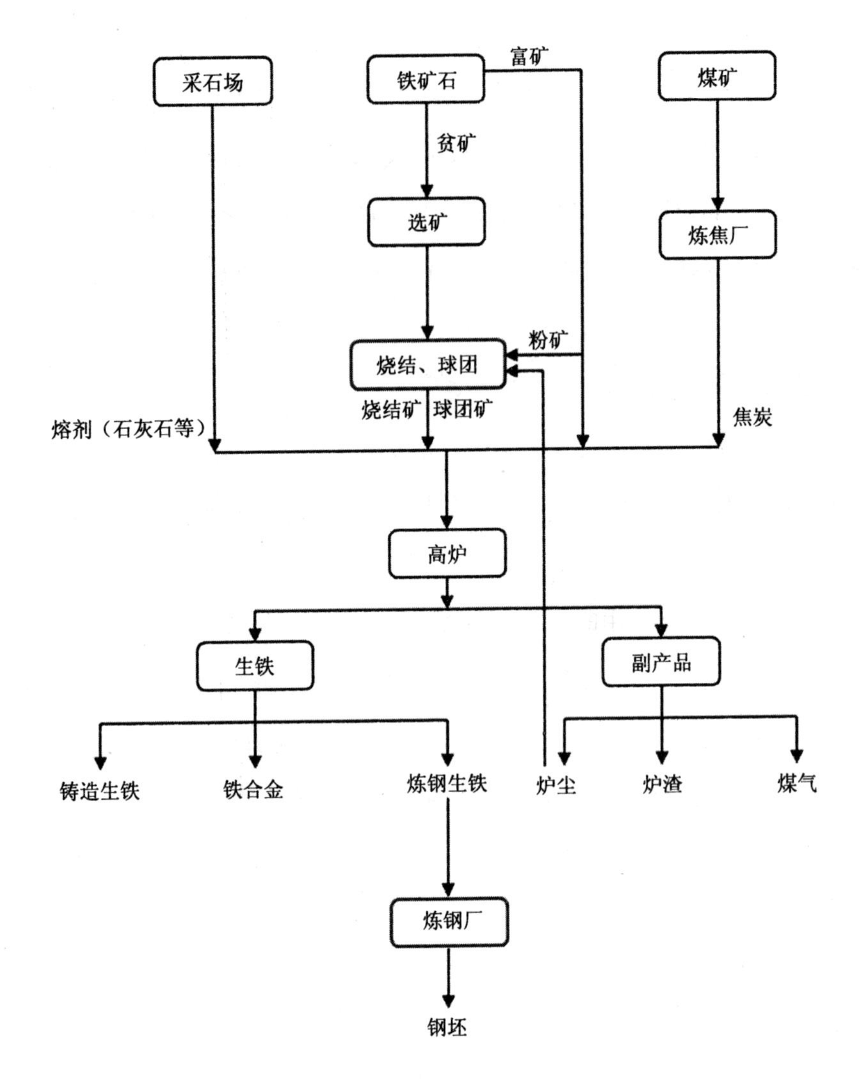

图 2-1 钢铁生产流程简图

2.2.1 铁矿石烧结过程中二噁英产生机理

铁矿石烧结是钢铁生产的第一步，典型的烧结床是一个大的炉栅系统（可达到几百平方米)，除铁矿石外，也要加入如焦炭和石灰石等添加剂，目前国内很多烧结厂在原料中都加入除尘器飞灰等废弃物。

烧结过程已经被确认为二噁英的产生源，其二噁英的生成途径包括三类：①烧结材料本身含有的二噁英在烧结过程中释放；②在烧结床中通过氯苯、氯酚、多氯联苯、多氯联苯醚等前驱物通过气固非均相反应在废气中合成；③在低温（250～450℃）后燃烧区或静电除尘器中，在残碳、氯源和过渡金属存在的情况下，通过一系列基元反应生成。

烧结过程基本可以满足以上三种生成途径所需的环境条件，即这三种途径都可能存在，具体如下：

（1）原辅材料本身带有的二噁英。烧结原料通常包含很多矿渣、飞灰、烧结返回矿、氧化铁皮等回用的物料，在这些物料中，尤其是飞灰和烧结返回矿中，都可能会含有二噁英。虽然这些二噁英在经过燃烧带时大部分都会分解，但不能排除少量二噁英没有被分解的可能性。

（2）前驱物合成。烧结过程中含氯的前驱化合物可能来自于烧结原料煤粉、焦炭中，也可能来自于烧结配料的回用物质中，烧结过程的升温阶段存在适合前驱物合成二噁英的温度区间，一些实验研究中发现，飞灰表面的催化作用在二噁英生成过程中起着重要作用。

（3）从头合成。烧结具备从头合成反应的大部分条件，氯源来自于所回收的废铁、炉渣及铁矿中的无机氯成分，碳来源于煤粉、焦炭等，铁本身就可以催化二噁英的从头合成反应，铁矿、飞灰中还可能含有铜等催化能力更强的过渡金属。

烧结料层在竖直方向上可分为五层，从上到下依次为烧结矿层、燃烧层、预热层、干燥层及过湿层，各层的温度分布如图 2-2 所示。烧结矿层经点火燃烧产生高温，部分烧结料软化熔融成液相，随着连续空气的抽入致使烧结层不断冷却，从而凝结成气孔率高、矿物组成与天然矿不同的烧结矿。随烧结的进行，烧结矿层不断增厚，抽入的冷空气预热，以确保燃烧层的高温。燃烧层中的燃料经由烧结矿预热的热空气的燃烧，最高温度可以达到 1 350～1 600℃，燃烧层厚度 20～50 mm。由于燃烧层的高温，有液相生成。燃烧层下面是预热层，已经干燥的烧结料被来自燃烧层内部的高温废气迅速加热到着火点，随即开始氧化还原反应。之下的干燥层，经上层热废气的加热使得水蒸气向下运动，随着温度降低，饱和水蒸气凝结，形成过湿层。

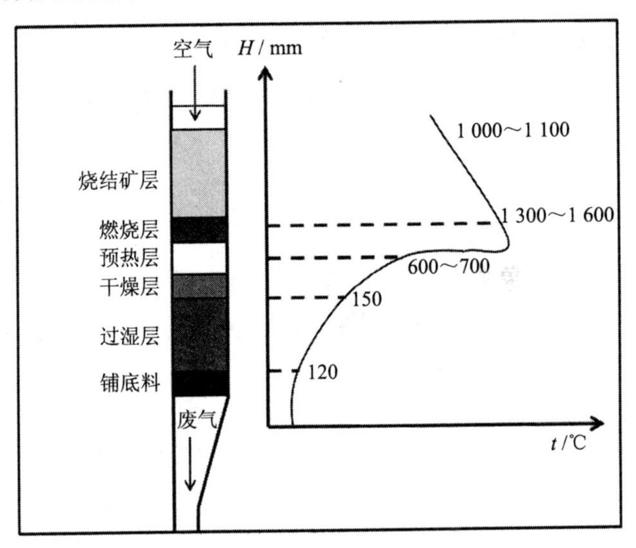

图 2-2 烧结料层温度分布

有研究发现，随着风箱位置的变化，PCDD/Fs、氯化氢、氮氧化物的浓度呈现了一个近似的与温度曲线相关的曲线，即风箱距离点火位置越远，其废气中 PCDD/Fs 等污染物的浓度越高（图 2-3）。

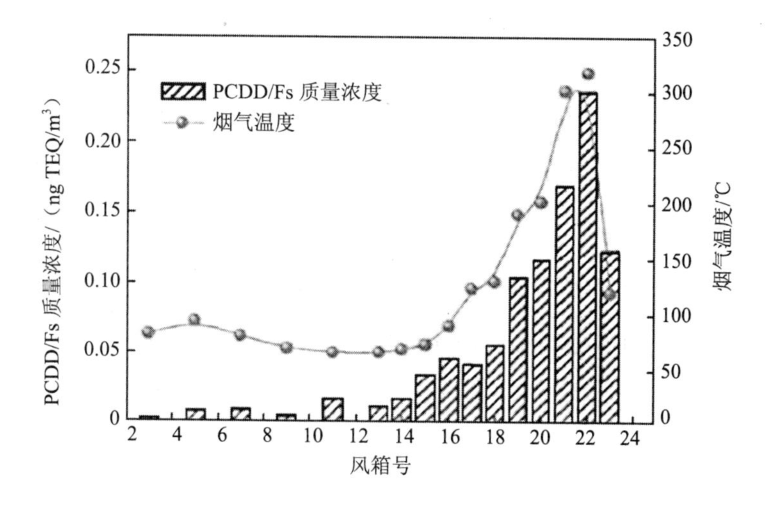

图 2-3　二噁英质量浓度随烟气温度及风箱位置的变化

研究者对于这一现象进行了解释：PCDD/Fs 在燃烧层下方的干燥层生成，并随气流继续向下运动，由于下方是温度较低且潮湿的过湿层，大量 PCDD/Fs 会由气相进入固相，被吸附固定。这也就解释了为什么靠近点火位置的风箱检测出来的 PCDD/Fs 浓度很低。随着燃烧区火焰位置的不断向下移动，固相中的 PCDD/Fs 部分被分解，部分又重新挥发进入气相。重新进入气相的 PCDD/Fs 与新生成的 PCDD/Fs 又从更下方的过湿层进入固相，如此反复。随着熔融区火焰最终接近烧结原料底层，大量不断积累的 PCDD/Fs 最终挥发进入气相。因此，在接近卸料端的风箱出现了浓度高峰值。

通常认为，烧结过程中的二噁英主要是在烧结料床的干燥层由从头合成途径生成的。可能在矿石被点燃后不久就开始形成，首先是在烧结床的顶部区域，随后在接近烧穿点的烧结带下部较冷的原料层发生冷凝。一般来说，烧结过程中产生的二噁英主要是 PCDFs。

烧结车间用到的典型烧结原料，如铁矿石、焦炭等，本身通常都含有碳和氯，随着碳和氯含量的增加，二噁英的形成量也会增加。氯元素不可避免地通过各种方式进入烧结原料：铁矿石中含有一定量的氯，生产用水中也含有一定的氯，作为燃料的焦炭、无烟煤中含有氯，返矿中也含有氯；当需要脱除 As、Cu、Cd、Pb、K 等元素时加入的 $CaCl_2$ 或 NaCl 熔剂，在原料中加入的附着有油漆等的铁屑，或是焦炭中裹挟的含氯物质等，都会引进氯元素。有研究表明作为烧结原料回用的飞灰对 PCDD/Fs 的排放浓度存在显著影响。同时，铁矿石可能伴生有铜或其他过渡金属，从而使对二噁英类生成起催化作用的过渡金属被引入到烧结过程中。此外，烧结原料中废弃物种类、废弃物占全部原料的比例、除尘器类型及除尘器入口温度也直接影响二噁英的产生和去向。

铁矿石烧结过程产生的绝大部分二噁英存在于烟气中，多数附着在烟气中的颗粒物上。废气一般通过旋风、静电除尘器、湿式除尘器或袋式除尘器进行除尘处理，最终大部分生成的二噁英留在了飞灰中，小部分二噁英被排放入大气。

2.2.2 电弧炉炼钢过程中二噁英产生机理

目前我国炼钢使用的生产方法主要包括转炉炼钢和电炉炼钢两种，过去使用的平炉炼钢现已基本淘汰。转炉炼钢以铁水及少量废钢等为原料，电炉炼钢的原料中废钢所占比例较高。

二噁英主要产生于废钢预热过程及烟气排放的降温过程中，形成机制也与焚烧过程相似。在炼钢过程中，电弧炉炉内环境十分复杂并且不断变化，原料中的烃类物质进入电弧炉后，可以发生蒸发、裂解、部分燃烧或者完全燃烧。对炉内二次燃烧的优化研究表明：一般的炼钢操作条件可能在炉内局部区域形成适宜 PCDD/Fs 生成的如下条件：氧气充足、拥有活性炭粒和温度在 800℃以下，如熔化过程及后续的一些阶段。如果在上面的条件下同时又存在具有催化作用的金属和微量氯，就很容易在炉内发生二噁英的从头合成。

加拿大环境部的报告《用于电弧炉炼钢的污染防治技术选择研究》认为：在电弧炉炼钢过程中，PCDD/Fs 更可能通过不含氯的有机物（如塑料、煤和颗粒碳）在含氯供体的环境中燃烧的从头合成途径来产生，这些物质多以微量浓度存在于钢铁残片或者过程原料（如注入的活性炭）中。在 PCDD/Fs 的形成中，一些金属会成为催化剂，铜是一种强催化剂，而铁的催化活性相对较弱。在电弧炉排放测试中，PCDFs 通常占到了 PCDD/Fs 总浓度的 60%～90%，而 PCDFs 主要是四氯和五氯的 PCDFs，2,3,7,8-TCDF 和 2，3，4，7，8-TCDF，通常占电弧炉排放的 PCDD/Fs 毒性当量总浓度的 60%～75%。

由于废钢铁的回用，带入的含油类污染物及一些有机材料将增加二噁英的产生量。废钢的种类及使用量、冶炼炉炉型、废气处理措施及飞灰的处理、处置是影响二噁英的生成和去向的重要因素。原料预热工序很可能导致二噁英排放量升高，氧气含量增加也会导致二噁英生成量的增加；配备尾气燃烧器对减少二噁英排放有作用，而高效袋式除尘器能减少二噁英向大气排放。

与铁矿石烧结过程类似，电弧炉炼钢过程产生的绝大部分二噁英也存在于烟气中，多数附着在烟气的颗粒物上。废气经除尘处理后，二噁英的主要去向包括炼钢炉废气、除尘器粉尘以及湿式除尘产生的废水。

2.3　我国钢铁行业二噁英排放情况

现有公开数据显示，2006 年我国电弧炉炼钢和铁矿石烧结两个行业二噁英排放量分别为 1.5 kg TEQ 和 0.47 kg TEQ，分别占当年所调查的 17 个行业二噁英排放总量的 23%和 7%。

2006 年以后没有相关调查数据被披露，但参考《中华人民共和国国民经济和社会发展统计公报》的年度报告中统计的粗钢和钢材产量（图 2-4 和图 2-5），可以对电弧炉炼钢行业的二噁英排放量进行估算。

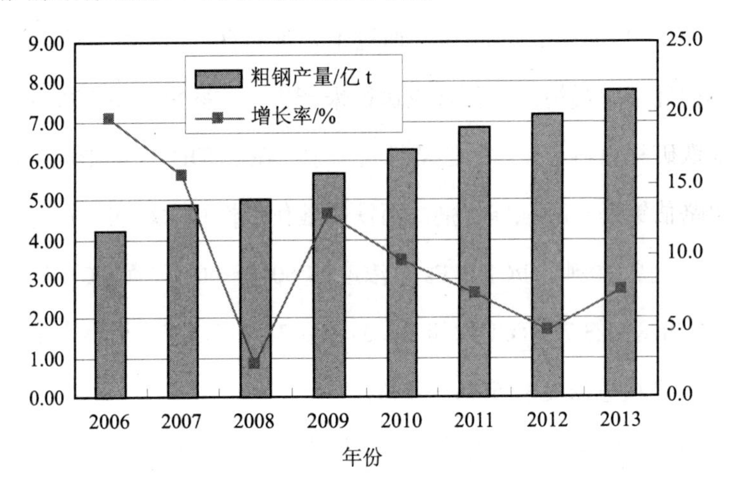

图 2-4 2006—2013 年我国粗钢年产量

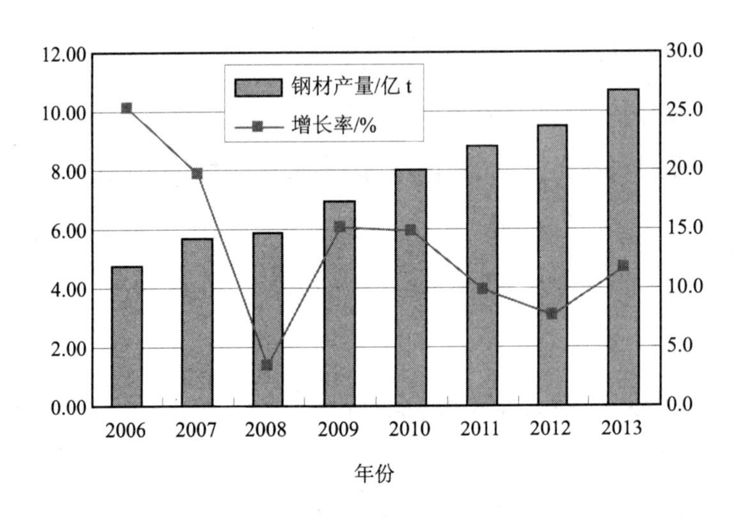

图 2-5 2006—2013 年我国钢材年产量

从图 2-4 和图 2-5 可以看出，2006—2013 年，尽管我国粗钢产量始终处于上升水平，但增长率总体处于下降的态势。我国炼钢生产方式主要包括转炉和电弧炉两种，假定电弧炉炼钢的产量占钢铁总产量的比例不变，则电弧炉炼钢的产量与钢材总产量变化趋势相同；同时再假定电弧炉炼钢的入炉原料和生产工艺基本稳定，那么可推算二噁英排放量变化趋势也大体相同。同样可根据我国铁矿石年需求量变化情况（图 2-6），并假定近年来的烧结原料和烧结工艺基本稳定，估算我国近年来铁矿石烧结行业二噁英排放总量。

据此粗略估算，我国电弧炉炼钢行业和铁矿石烧结行业近年来的二噁英排放总量整体处于上升趋势，2012 年两个行业的二噁英排放总量为 3～4 kg TEQ。

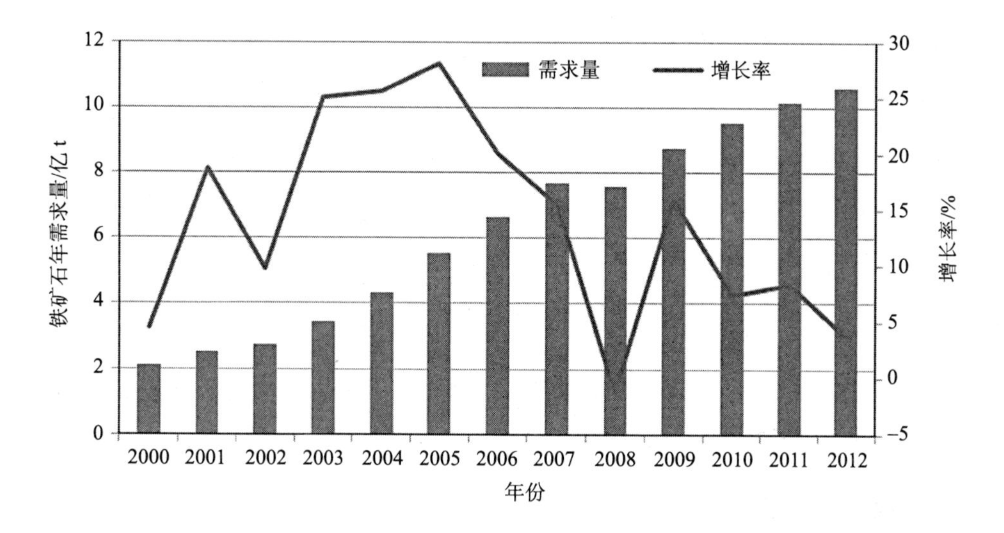

图 2-6　2000—2012 年我国铁矿石年需求量

（资料来源：中国冶金矿山企业协会）

第三章　二噁英削减控制相关政策与导则

目前在世界各国采用的炼钢方法以转炉（碱性氧气转炉为主）和电炉（绝大部分是电弧炉）两大类为主，其中转炉炼钢的产量和产能约占60%。在我国，受资源和能源结构的限制，电炉钢产量占总钢产量的比例相对较低，为15%～20%。

自2005年国务院发布《国务院关于发布实施〈促进产业结构调整暂行规定〉的决定》（国发〔2005〕40 号）以来，调结构、优发展成为我国经济发展的大方向，钢铁行业始终是节能降耗改造、落后产能淘汰的重点行业之一，每年落后产能淘汰任务少则数百万吨多则数千万吨。

《产业结构调整指导目录》（2005 年本）将 180 m^2 以下的烧结机、120 t 以下的炼钢转炉和 70 t 以下的炼钢电炉列为限制类，30 m^2 以下的烧结机、15 t 以下的转炉和 10 t 以下的电炉列为淘汰类。《产业结构调整指导目录》（2011 年本）中限制类调整为 180 m^2 以下的烧结机、100 t 以下的炼钢转炉和 100 t 以下的炼钢电炉，淘汰类调整为 90 m^2 以下的烧结机、30 t 以下的转炉和 30 t 以下的电炉。

由于我国产业结构调整基本以规模为标准，各地淘汰落后产能时普遍采用了“上大压小”的模式，如 2013 年，我国共投产炼钢工程 17 项，炼钢转炉 17 座，电炉 3 座。其中，17 座转炉中有 4 座转炉为技术改造升级工程，分别是山西中阳淘汰 5 座 15 t 转炉，新建 2 座 120 t 转炉；广西柳钢淘汰 3 座 40 t 转炉，新建 2

座 150 t 转炉；山东日照钢铁扩容 120 t 转炉至 135 t。按设计能力计算，17 项投产的炼钢工程新增炼钢产能约 2 400 万 t，而国家发展改革委与工业和信息化部公布的 2013 年炼钢产能淘汰任务为 781 t，当年炼钢产能净增约 1 600 万 t。

由此导致我国铁矿石需求量从 2006 年的约 6.6 亿 t 增长至 2012 年的约 26 亿 t，粗钢产量也从 2006 年的 4.2 亿 t 增长至 2013 年的 7.8 亿 t，约占全球粗钢总产量（约 16 亿 t）的一半。

3.1　我国二噁英削减控制相关政策和要求

3.1.1　国家层面的政策要求

3.1.1.1　《中华人民共和国履行〈关于持久性有机污染物的斯德哥尔摩公约〉国家实施计划》

我国是《关于持久性有机污染物的斯德哥尔摩公约》的首批签署国之一，该公约已于 2004 年 11 月 11 日对我国生效，标志着我国履约工作全面展开。根据公约要求，结合我国实际情况，我国政府 2007 年公布了《中华人民共和国履行〈关于持久性有机污染物的斯德哥尔摩公约〉国家实施计划》（以下简称《国家实施计划》），确定了分阶段、分行业和分区域的履约目标、措施和具体行动，成为我国开展持久性有机污染物（POPs）削减、淘汰和控制工作的纲领性文件。其中，也对我国控制和削减二噁英的排放提出了具体的目标、措施和行动计划。该计划要求：到 2008 年，对无意产生 POPs 排放的重点行业新源采取最佳可行技术和最佳环境实践（BAT/BEP）措施；优先针对重点区域的重点行业现有二噁英排放源采取 BAT/BEP 措施，到 2015 年，基本控制二噁英排放增长的趋势；到 2025 年，全面推行 BAT/BEP 措施，最大限度消除二噁英排放。

《国家实施计划》参考联合国环境规划署《二噁英清单估算标准工具包》，结合已有的监测和研究数据，估算出中国 2004 年各类源产生二噁英排放总量为 10.2 kg 毒性当量（TEQ），其中向空气中排放 5.0 kg TEQ、向水体中排放 0.041 kg TEQ、产品排放 0.17 kg TEQ、残留物排放 5.0 kg TEQ。在二噁英的大气排放方面，钢铁和其他金属生产行业二噁英排放量的贡献最大，占二噁英大气排放总量的 49.3%；其次是发电和供热行业、废弃物的焚烧行业。这三个行业二噁英大气排放量合计占到了我国二噁英大气排放总量的 87.3%。在二噁英的残渣排放方面，同样是钢铁和其他金属生产行业二噁英排放量的贡献最大，占二噁英残渣排放总量的 43.5%；其次是废弃物的焚烧行业、发电和供热行业。这三个行业二噁英残渣排放量合计占到了我国二噁英残渣排放总量的 78.3%。

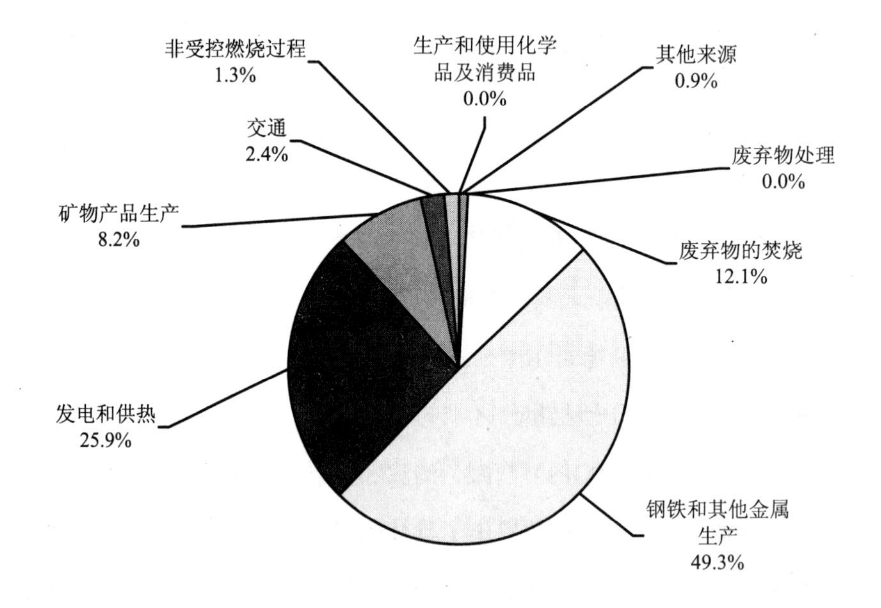

图 3-1 我国二噁英大气排放行业分布图

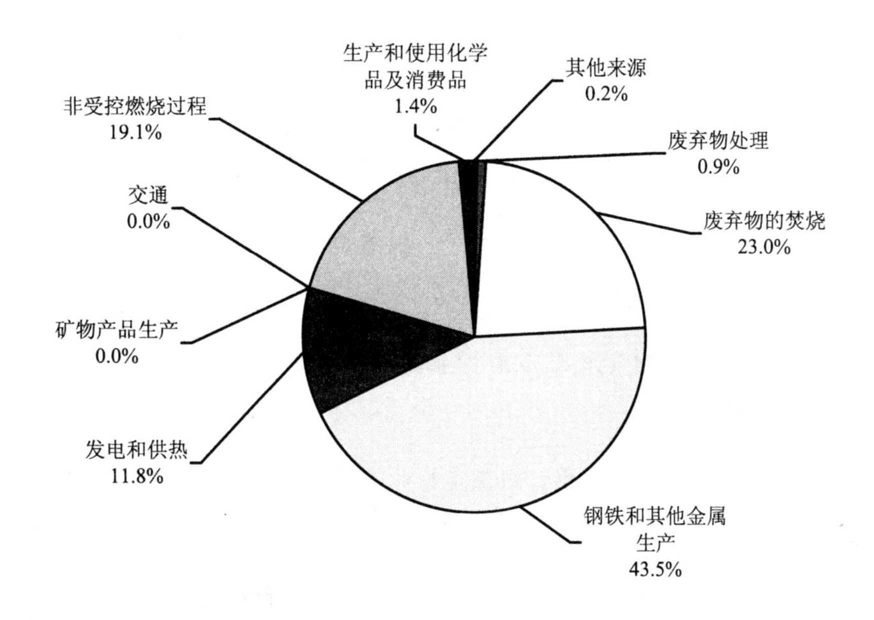

图 3-2　我国含二噁英残渣排放行业分布图

在地区分布上，各区域排放量大小依次为华东、中南、华北、西南、东北和西北，其中华东、中南和华北地区的二噁英排放量分别占全国排放总量的 29.7%、22.1%和 19.7%，三个地区主要的二噁英排放源均为金属生产、废弃物焚烧、发电和供热。

《国家实施计划》还根据各行业的特点和排放量，依据公约要求控制的源（公约附件 C 第二部分的源）、排放量较大的源、有较大增长趋势的源、有 UNEP 推荐的 BAT/BEP 导则可以应用的源、国际和国内有成熟减排技术和成功实践经验的源及国家特定优先的源六大原则，明确了六类中国优先控制的二噁英重点排放源。这六类排放源分别为：废弃物焚烧（包括生活垃圾焚烧、危险废物焚烧、医疗废物焚烧、水处理污泥焚烧和水泥窑共处置危险废物）、造纸行业（有氯漂白）、钢铁行业（包括铁矿石烧结和电弧炉炼钢）、再生有色金属（包括再生铜、再生铝和再生锌）、火花机及化工行业（包括五氯酚钠生产、氯酚类衍生物生产、四氯苯醌生产、氯苯生产、氯碱和聚氯乙烯生产）。此六类排放源 2004 年二噁英排放总量为 6 332 g TEQ，占当年全国总排放量的 61.9%。

为切实履行公约义务，《国家实施计划》根据我国国情及二噁英污染控制的分阶段目标，从摸底数、建制度、提能力、抓落实等几个方面提出了 17 个行动计划。这些行动计划分别为：

- 行动 1 到 2008 年评估重点行业的新源应用 BAT 的技术可行性并逐步采用；
- 行动 2 到 2008 年完善针对重点行业的新源的环境影响评价制度；
- 行动 3 到 2008 年修订《产业结构调整指导目录》；
- 行动 4 到 2010 年建立和完善重点行业新源排放标准；
- 行动 5 建立和加强二噁英的国家监测能力；
- 行动 6 到 2010 年建立全国二噁英排放源清单；
- 行动 7 到 2015 年完成重点行业二噁英排放情况的系统监测；
- 行动 8 到 2015 年建立重点行业排放源的动态监控和数据上报机制；
- 行动 9 对现有重点行业优先开展企业级 BAT/BEP 应用示范活动；
- 行动 10 到 2010 年完善重点行业清洁生产标准或清洁生产审核指南，并颁布重点行业 BAT/BEP 导则；
- 行动 11 到 2010 年基本建立和完善重点行业现有源的二噁英排放标准；
- 行动 12 到 2015 年完成现有重点行业 BAT/BEP 的第一阶段推广工作；
- 行动 13 到 2015 年进一步修订重点行业现有源清洁生产标准、清洁生产审核指南，以及中国重点行业的 BAT/BEP 导则；
- 行动 14 到 2015 年进一步修订重点行业现有源的排放标准；
- 行动 15 到 2025 年完成重点行业现有源 BAT/BEP 的第二阶段推广工作；

- 行动 16 建立无意产生 POPs 减排和控制战略及实施效果的定期评估和更新机制；
- 行动 17 逐步建立和完善无意产生 POPs 减排控制的政策主导机制。

2014 年，环境保护部启动了《国家实施计划》的更新工作，环境保护部强调，要按照公约要求，紧扣中国实际，做好《国家实施计划》更新工作。在更新《国家实施计划》的过程中，既要立足当前，又要放眼长远，制订出具有前瞻性、指导性和可操作性的战略措施和行动计划。

3.1.1.2 《国务院关于加强环境保护重点工作的意见》

2011 年 10 月，为深入贯彻落实科学发展观，加快推动经济发展方式转变，提高生态文明建设水平，国务院发布了《国务院关于加强环境保护重点工作的意见》（国发〔2011〕35 号），部署了十六项环境保护重点工作。

十六项重点工作中的“（六）严格化学品环境管理”部分，明确提出要“加强持久性有机污染物排放重点行业监督管理”，电弧炉炼钢和铁矿石烧结作为我国四个二噁英排放重点行业中的两个，也应加强二噁英排放的监督管理。

3.1.1.3 《国家环境保护“十二五”规划》

2011 年 12 月，为推进“十二五”期间环境保护事业的科学发展，加快资源节约型、环境友好型社会建设，国务院印发《国家环境保护“十二五”规划》，其中多个部分与二噁英污染防治相关。

《国家环境保护“十二五”规划》的主要目标是：到 2015 年，主要污染物排放总量显著减少；城乡饮用水水源地环境安全得到有效保障，水质大幅提高；重金属污染得到有效控制，持久性有机污染物、危险化学品、危险废物等污染防治成效明显；城镇环境基础设施建设和运行水平得到提升；生态环境恶化趋势得到扭转；核与辐射安全监管能力明显增强，核与辐射安全水平进一步提高；环境监管体系得到健全。

“五、加强重点领域环境风险防控”部分，提出要“以排放重金属、危险废物、持久性有机污染物和生产使用危险化学品的企业为重点，全面调查重点环境风险源和环境敏感点，建立环境风险源数据库”。同样在该部分中，明确了要“以铁矿石烧结、电弧炉炼钢、再生有色金属生产、废弃物焚烧等行业为重点，加强二噁英污染防治，建立完善的二噁英污染防治体系和长效监管机制；到 2015 年，重点行业二噁英排放强度降低 10%”。

“七、实施重大环保工程”部分，将持久性有机污染物污染防治工程列为重点领域环境风险防范工程。

“八、完善政策措施”部分，提出要研发持久性有机污染物控制技术。

3.1.2 环境保护部及相关部委层面

3.1.2.1 《关于加强二噁英污染防治的指导意见》

2010 年 10 月 19 日环境保护部等九部委联合发布了《关于加强二噁英污染防治的指导意见》（以下简称《指导意见》）。《指导意见》明确了二噁英排放的四个重点行业，分别是铁矿石烧结、电弧炉炼钢、再生有色金属生产及废弃物焚烧；提出到 2015 年，重点行业二噁英排放强度降低 10%，基本控制二噁英排放增长趋势的目标。

《指导意见》要求重点行业要优化产业结构，淘汰落后产能，严格环境准入条件，实施清洁生产审核。提出进一步完善环境影响评价制度，在审批建设项目环境影响评价文件时要充分考虑二噁英削减和控制要求，将二噁英作为主要特征污染物逐步纳入有关行业的环境影响评价中。加强新建、改建、扩建项目竣工环境保护验收中二噁英排放监测，确保按要求达标排放，从源头控制二噁英产生。

《指导意见》要求清洁生产主管部门和环境保护部门应将二噁英削减和控制作为清洁生产的重要内容，完善清洁生产标准体系，全面推行清洁生产审核，鼓励采用有利于二噁英削减和控制的工艺技术和防控措施。每年年底前，各省级环保部门依法公布应当开展强制性清洁生产审核的二噁英重点排放源企业名单。

对于铁矿石烧结和电弧炉炼钢两个行业，《指导意见》分别提出二噁英污染防治要求。一是推动铁矿石烧结的协同减排。铁矿石烧结应通过选用低氯化物含量原料、减少氯化钙使用、对加入原料中的轧钢皮进行除油预处理、增加料层透气性、采用粉尘返料造球等措施减少二噁英的产生。鼓励采用烧结废气循环技术减少废气产生量和二噁英排放量。鼓励有条件的企业建设废气综合净化设施。鼓励企业选择先进工艺，优化工程设计，实现常规污染物与二噁英协同减排。按照《产业结构调整指导目录》[①]相关规定加快淘汰小型烧结机。二是强化电弧炉炼钢排放源预处理。电弧炉炼钢企业，应对废钢原料进行预处理。不得在没有高效除尘设施的情况下采用废钢预热工艺。鼓励有条件的企业结合电弧炉装备工艺特点开展二噁英减排工程实践。

此外，《指导意见》还就规划编制、环境监管、排放源监控、经济政策、技术研发等方面提出了要求，其中规定“排放二噁英的企业和单位应至少每年开展一次二噁英排放监测，并将数据上报地方环保部门备案”。

3.1.2.2 《全国主要行业持久性有机污染物污染防治“十二五”规划》

2012 年，环境保护部等 12 个部委联合印发了《全国主要行业持久性有机污染物污染防治“十二五”规划》，从严格环境准入、加快淘汰落后产能、实施减排

① 指 2005 年发布的版本。

工程、加快开展最佳可行技术和最佳环境实践（BAT/BEP）技术示范、加强二噁英排放的监管、开展总量控制试点等六个方面强化监督管理，实施二噁英减排治理工程，确保实现到 2015 年重点行业二噁英单位产量（处理量）排放强度削减率 10%的目标。

《全国主要行业持久性有机污染物污染防治“十二五”规划》提出要落实《关于加强二噁英污染防治的指导意见》以及相关标准、技术规范和指南，推进现有排放源采用二噁英削减和控制的工艺技术和工程措施。重点行业配套建设高效除尘设施，并逐步采取原料预处理措施和优化工程设计，实现二噁英与常规污染物协同减排。铁矿石烧结行业应建设预处理设施，选用低氯化物含量原料，对加入原料中的氧化铁皮进行除油预处理、减少氯化钙使用，采用粉尘返料造球增加料层透气性。电弧炉炼钢行业应对废钢原料进行预处理，对入炉料有机物进行检测。再生有色金属行业应采取有效措施去除原料中含氯物质及矿物油类等有机物。废弃物焚烧行业应推进高标准集中处置设施建设，并配备主要工艺指标及硫氧化物、氮氧化物、氯化氢等污染因子的在线监测设备，与当地环保部门联网。

《全国主要行业持久性有机污染物污染防治“十二五”规划》还要求二噁英排放企业，尤其是位于重点地区和环境敏感区域的企业，应积极探索二噁英、氮氧化物与二氧化硫等多种污染物的协同减排技术，并开展示范。废弃物焚烧行业开展选择性催化氧化等技术示范，铁矿石烧结行业开展尾气再循环等技术示范，电弧炉炼钢和再生有色金属生产行业开展封闭化生产等技术示范，殡葬行业开展配备布袋除尘器等技术示范，制浆造纸行业非木浆制浆采用无氯漂白工艺等技术示范，推进产业技术升级。

3.1.2.3 《钢铁工业污染防治技术政策》

为贯彻《中华人民共和国环境保护法》等法律法规，防治环境污染，保障生态安全和人体健康，促进钢铁工业结构优化升级，推进行业可持续发展，环境保护部于2013年5月印发实施了《钢铁工业污染防治技术政策》。

《钢铁工业污染防治技术政策》共有总则、清洁生产、大气污染防治、水污染防治、固体废物处置及综合利用、噪声污染防治、二次污染防治、鼓励开发应用的新技术、运行与监测九部分四十三款，其中有利于二噁英减排的条款包括以下十项：

（四）钢铁工业应控制总量，淘汰落后产能，推进结构调整，优化产业布局。鼓励钢铁工业大力发展循环经济，提高资源能源利用率以及消纳社会废弃资源的能力，减少污染物排放总量和排放强度。

（六）钢铁工业应推行以清洁生产为核心，以低碳节能为重点，以高效污染防治技术为支撑的综合防治技术路线。注重源头削减，过程控制，对余热余能、废水与固体废物实施资源利用，采用具有多种污染物净化效果的排放控制技术。

（七）鼓励烧结选用低硫、低氯和低杂质含量的配料，炼铁应采用精料技术，转炉炼钢应实行全量铁水预处理技术。

（十一）转炉炼钢生产鼓励采用铁水一包到底、“负能炼钢”等技术；鼓励电炉炼钢多用废钢，不鼓励热兑铁水冶炼碳钢，不鼓励废塑料、废轮胎作为电炉炼钢的碳源，不应在没有烟气急冷和高效除尘设施的情况下进行废钢预热。

（十四）原料场、烧结（球团）、炼铁、炼钢、石灰（白云石）焙烧、铁合金、炭素等工序各产尘源，均应采取有效的控制措施。鼓励以干法净化技术替代湿法净化技术，优先采用高效袋式除尘器。

（十五）烧结烟气应全面实施脱硫。治理技术的选择应遵循经济有效、安全可靠、资源节约、综合利用、因地制宜、不产生二次污染的总原则。脱硫工艺应是干法、半干法和湿法等多技术方案的比选优化，特别是对于在大气污染防治重点区域的钢铁企业，宜兼顾氮氧化物、二噁英等多组分污染物的脱除。鼓励采用烟气循环技术、余热综合回收利用等技术集成。

（十八）鼓励轧钢工业炉窑采用低硫燃料、蓄热式燃烧和低氮燃烧技术。冷轧酸洗及酸再生焙烧废气优先采用湿法喷淋净化技术，硝酸酸洗废气优先采用湿法喷淋与选择性催化还原脱硝相结合的二级净化技术，有机废气优先采用高温焚烧或催化焚烧净化技术。

（二十四）鼓励烧结（球团）、炼铁、炼钢工序收集的含铁尘泥造球后返回烧结（球团）工序，锌及碱金属含量较高时应先脱除处理后再利用；含油较高的含铁尘泥、氧化铁皮应脱油处理后再利用。

（三十四）鼓励研发和应用烧结烟气循环技术、二噁英和重金属联合减排技术。

（三十五）鼓励研发和应用电炉烟气二噁英联合减排技术。

3.1.2.4 《二噁英污染防治技术政策》

2013 年 1 月，环境保护部发布了《二噁英污染防治技术政策》（征求意见稿）：并在其官方网站公开征集意见。《二噁英污染防治技术政策》的主要目的是推行二噁英削减最佳控制技术，推进重点行业二噁英污染控制，提出的主要措施包括：（1）源头削减技术措施；（2）过程控制技术措施；（3）末端治理技术措施；（4）鼓励研发的新技术；（5）运行管理要求。其中针对电弧炉炼钢行业和铁矿石烧结行业，提出了一些有针对性的条款。

总体要求方面，提出二噁英污染防治应遵循全过程控制的原则，通过加强源头削减、优化过程控制、积极推进污染物协同控制与专项治理相结合的技术路线，减少二噁英的产生和排放。

源头削减方面，包括：

- 鼓励铁矿石烧结选用低氯化物含量的原料，减少氯化钙熔剂的使用；加入原料中的轧钢皮、铁屑等宜进行除油等预处理；鼓励烧结工艺选用氯、铜等杂质含量低的高品位铁精矿。

➢ 对于利用废钢原料的电弧炉炼钢，应对生产原料进行清洗等预处理，以有效脱除附着于原料之上的涂层、切削油等油污及含氯物质。废钢预热工艺应配套安装高效除尘设施。

过程控制方面，提出铁矿石烧结、电弧炉炼钢、再生有色金属生产、废物焚烧和遗体火化设施应设置先进、完善、可靠的自动控制系统和烟气在线监测系统，保障设施正常运行。

末端治理方面，包括：

➢ 铁矿石烧结、电弧炉炼钢、再生有色金属生产、废物焚烧和遗体火化等应配置袋式除尘器、静电除尘器等高效除尘设施。鼓励采用二噁英与常规污染物（NO_x、SO_2、颗粒物、重金属等）的协同控制技术。

➢ 鼓励采用物理吸附和高效过滤组合技术处理烟气，如活性炭喷射技术或安装多孔吸附剂吸收塔（床）等。鼓励铁矿石烧结行业采用烧结烟气循环技术。

➢ 铁矿石烧结、电弧炉炼钢、再生有色金属生产和危险废物焚烧等进行尾气处理时，应配置烟气急冷设施，确保在后续管路和设备中烟气不结露的前提下，尽可能降低烟气在低温区的停留时间，减少二噁英的生成与排放。

➢ 铁矿石烧结、电弧炉炼钢、再生有色金属生产、废物焚烧等进行烟气热量回收利用时，应避开二噁英生成的温度区间。

➢ 鼓励对铁矿石烧结、电弧炉炼钢、再生有色金属生产等烟气净化设施产生的含二噁英烟尘进行综合利用，但应避免二噁英重新生成。

提出了鼓励研发的相关技术，包括：

➢ 鼓励二噁英阻滞技术及其装备的研发。

➢ 鼓励研发二噁英与常规污染物的高效协同控制技术。

➢ 鼓励烟尘等含二噁英固体废物的无害化处置技术的研发。

同时，要求产生和排放二噁英的单位应建立健全日常运行管理制度，并严格执行，确保生产和污染治理设施稳定运行，尽可能减少二噁英的排放。

3.1.3 二噁英污染控制标准

2012 年 6 月 27 日，环境保护部同时发布《钢铁烧结、球团工业大气污染物排放标准》（GB 28662—2012）和《炼钢工业大气污染物排放标准》（GB 28664—2012），首次对铁矿石烧结企业或装置及电炉炼钢企业或装置提出了二噁英排放限值标准（表 3-1），并明确了每年监测一次的频率要求。

表 3-1 我国钢铁行业二噁英排放限值标准

标准名称	标准编号	生产工序或设施	企业类型	二噁英限值/（ng TEQ/m³）	执行时间
《钢铁烧结、球团工业大气污染物排放标准》	GB 28662—2012	烧结机球团焙烧设备	现有企业	1.0	2012年10月1日—2014年12月31日
				0.5	2015年1月1日起
			新建企业	0.5	2012年10月1日起
《炼钢工业大气污染物排放标准》	GB 28664—2012	电炉	现有企业	1.0	2012年10月1日—2014年12月31日
				0.5	2015年1月1日起
			新建企业	0.5	2012年10月1日起

从表 3-2 可以看出，对于电弧炉炼钢和铁矿石烧结行业，无论是现有企业/装置还是对于新建企业/装置，自 2015 年起必须全部执行 0.5 ng TEQ/m^3 的排放标准，尽管横向上对比欧美日等发达国家和地区仍然稍有差距（如日本铁矿石烧结行业排放标准为 0.1 ng TEQ/m^3），但是纵向上来看，仍是我国在钢铁行业二噁英控制方面迈出的重要一步。

3.2 《二噁英削减控制 BAT/BEP 技术导则》

BAT/BEP 是“最佳可行技术”（Best Available Techniques，BAT）和“最佳环境实践”（Best Environmental Practices，BEP）的简称。《二噁英削减控制 BAT/BEP 技术导则》通常是指《针对〈关于持久性有机污染物的斯德哥尔摩公约〉第五条和附件 C 的最佳可行技术和最佳环境实践》（Guidelines on Best Available Techniques（BAT） and Provisional Guidance on Best Environmental Practices（BEP） relevant to article 5 and annex C of the Stockholm Convention on Persistent Organic Pollutants，以下简称《BAT/BEP 技术导则》）该导则是由《关于持久性有机污染物的斯德哥尔摩公约》（以下简称《斯德哥尔摩公约》）秘书处颁布的，指导各缔约国应对并削减《斯德哥尔摩公约》附件 C 所列的化学品（多氯二苯并对二噁英（PCDD）、多氯二苯并呋喃（PCDF）、多氯联苯（PCB）和六氯代苯（HCB）等）的技术导则，对缔约方具有普遍适用性和一定强制性。

3.2.1 《BAT/BEP 技术导则》关于电弧炉炼钢的技术要求

电弧炉炼钢过程在《BAT/BEP 技术导则》中归类为“再生钢材的生产”，电弧炉炼钢原料及生产过程满足二噁英生成条件中的氧源、温度、催化剂等条件，氯源主要来自原料中使用的废钢铁。《BAT/BEP 技术导则》认为，在电弧炉生产钢铁的过程中，由于不含氯的有机物（如塑料、煤和颗粒碳）在含氯供体的环境中燃烧，因此最容易通过从头合成来生成《斯德哥尔摩公约》附件 C 中列出的化学物质，比如 PCDD/Fs。一级措施包括适当的废气处理和合适的废气调节，以防从头合成 PCDD/Fs 的条件产生，这包括后续燃烧的后燃器和随之废气的快速淬火。二级措施包括添加吸附剂（如活性炭）和袋式过滤器的高效除尘。

《BAT/BEP 技术导则》认为，用于再生钢材生产的最佳可行技术实施后，其相关 PCDD/Fs 的空气排放在可控制氧气浓度的条件下可以达到低于 0.1 ng/m^3 的水平。

3.2.1.1 一级处理方法

一级处理方法也常称为污染防治技术，针对源头管理和过程管理，即规避适合二噁英产生的环境因素条件，避免、抑制、减少或消除二噁英的产生。只执行一级措施产生的排放减量程度，目前还不是很确定。在现有的和将要建造的工厂中执行一级和二级措施是很有必要的，这将可以实现理想的排放水平。可行的一级处理方法包括：

（1）改进的原材料

电炉炼钢的主要原料是废钢铁材料。这些废钢中含有的污染物包括：油、塑料和其他烃类污染物。为了减少这些污染物进入熔炉中，应使用一些污染防治方法，包括使用原材料明细表、改进质量控制程序和改变原材料类型（例如避免使用含油废钢或者用油清洗过的废钢材），并且制定规则来防止这些污染物的进入。

（2）电弧炉的操作

电弧炉炼钢运行实践中所进行的改进是为了提高操作性和能量利用率，以便间接地减少 PCDD/Fs 的产生或者可能的脱氯。用于 PCDD/Fs 减排的污染防治措施包括：缩小炉顶的敞开进料时间，减少空气向电炉内的渗漏和避免或减少操作延时。在温度低于 125℃条件下，PCDD/Fs 的冷凝加快，通常情况下，氯含量越高冷凝越快。

（3）废气调节系统的设计

废气调节系统包括在废气进入除尘室净化前的废气收集、冷却和疏导。废气调节系统的状况可能会便于 PCDD/Fs 的从头合成过程，所以应采取措施避免可能引起从头合成反应的条件。污染防治技术包括尺寸适当的系统、最大限度的混合废气、废气快速冷却到 200℃以下以及完善的运行和维护措施的开发和实施。

（4）连续的参数监测系统

一个连续的参数监测系统是基于废气调节系统运行的最优参数以及规范的操作和维护程序（这类程序是用于减少废气调节系统中 PCDD 和 PCDF 从头合成反应的）。

3.2.1.2　二级处理方法

二级处理方法通常被称为污染物控制技术，是指针对末端的污染控制技术，这些方法并不会消除污染物的产生，但是可以抑制或者减少二噁英的排放。

（1）废气粉尘收集

收集电弧炉产生的所有废气是控制系统的一项重要功能。提高熔炉一级和二级排放的粉尘收集效率，可通过联合废气和烟罩系统、投料口和烟罩系统或建造空气散逸装置来实现。

（2）袋式除尘器

一些从电弧炉中排放的 PCDD/Fs 将吸附在细小颗粒上。随着废气温度的降低，各种 PCDD/Fs 由于其沸点不同而越来越多地冷凝吸附在颗粒物上，或者冷凝成颗粒状物质。良好设计及操作的袋式除尘器可以达到 5 mg 粉尘/m^3 的效果，减少粉尘即可减少 PCDD/Fs 的排放。

（3）带有快速水冷装备的外置二次燃烧系统

这项技术是电弧炉制钢早期的 PCDD/Fs 排放控制技术。外置二次燃烧系统最初开发用于在耐火材料衬里燃烧室中燃烧电弧炉废气中的 CO 和 H_2，通常需要辅助燃料。随后，欧洲大量电弧炉炼钢厂使用外置二次燃烧技术，通过保持后续燃烧温度大于 800℃来对排放中的 PCDD/Fs 进行脱氯。单独使用这种污染控制技术很难将二噁英降至 0.1 ng TEQ/m^3 的标准。

（4）吸附剂的注入

这种控制技术最初开发用于垃圾焚烧中控制 PCDD/Fs 的排放。欧洲很多电弧炉炼钢厂使用固定尺寸的褐煤焦炭（和活性炭类似的吸附剂）注入技术，并辅助使用袋式除尘器来实现低 PCDD/Fs 排放量。检测结果表明，在欧洲电弧炉炼钢厂中使用这项技术，并联合高效袋式除尘器，可以实现 PCDD/Fs 排放低于 0.1 ngTEQ/m^3。

具有特定尺寸的褐煤焦炭（或者活性炭）被注入除尘室逆向流动的废气中，吸附废气中的 PCDD/Fs。碳与废气的充分混合和选用合适尺寸的焦炭（与气流中颗粒大小相近）：可实现 PCDD/Fs 的最佳去除。在正常的产品存放和填埋温度下，焦炭和活性炭不会释放所捕获到的 PCDD/Fs，并且不易被浸出。

活性炭吸附是一种协同减排技术，可以削减烟气中的二氧化硫、氮氧化物、二噁英等污染物。活性炭法的原理为：SO_2 在活性炭微孔的吸附催化作用下，与 O_2 反应经催化氧化生成 SO_3，SO_3 再与烟气中的水蒸气作用生成 H_2SO_4 而被脱除；NO_x 在活性炭官能团的选择性催化作用下被喷入的氨还原而被脱除，没有氨气的条件下为吸附脱除；去除二噁英的原理为当温度较高时以吸附作用为主，温度较低时以集尘作用为主。该法的脱硫效率可达 90%以上，且可脱除烟气中的 NO_x、二噁英、重金属等有害杂质，活性炭经再生系统处理后通常可循环使用。

我国的太原钢铁（集团）有限公司 450 m^2 烧结机于 2010 年 9 月投产活性炭脱硫脱硝及制酸一体化装置，即脱硫、脱硝、脱二噁英、脱重金属、除尘五位一体，处理烟气量 140 万 m^3/h。系统自投运以来运行稳定，投运率 95%以上。排放烟气 SO_2 质量浓度 7.5 mg/m^3，NO_x 质量浓度 101 mg/m^3，粉尘质量浓度 17.1 mg/m^3，二噁英质量浓度 0.15 ng TEQ/m^3。

3.2.1.3　固体废物和废水的一级和二级处理方法

为了减少固体废物，电炉炉渣和除尘器捕捉的粉尘应该最大限度回用，尽量回收其中的有价值金属，剩下的固体废物应当进行环境无害化处理。

电弧炉粉尘在许多工业国家已不再允许进行填埋，标准处理方法是通过独立的处理工艺在钢厂内部或外部将有价值的金属进行回收。有研究显示二噁英在粉尘中的含量达到 1.3 ng TEQ/g，占过程总合成量的 96%，因此，电弧炉粉尘是 PCDD/Fs 的重要来源，应当进行适当的管理和处置。

为了减少污水量，电弧炉的循环水冷系统可以不产生污水，或者可以最大限度通过循环利用来尽量减少需处理的污水量。

半干式排放控制系统可能在一些工厂中使用，除了采用干式除尘器来替代外，还可通过适当的设计来避免半干式系统产生废水。

使用湿式洗涤系统的工厂可能产生废水，最好的方法就是用干式除尘器来替代现有的系统。如果替换现有的系统不可行，废水就必须经过处理，但是目前国际上还没有建立废水处理后 PCDD/Fs 含量或其他参数的排放标准。

3.2.1.4　《BAT/BEP 技术导则》的适用性

《BAT/BEP 技术导则》主要针对电弧炉炼钢全过程中的进料、冶炼条件、废气收集系统、监测系统等前端和过程环节及尾气与粉尘收集、除尘设备、二燃室急冷、吸附剂等末端治理环节，其中提到的技术工艺在我国基本都有使用的实例，因此《BAT/BEP 技术导则》基本适用于我国电弧炉炼钢行业。

就我国目前的技术能力和水平，《BAT/BEP 技术导则》所提的改善原材料质量、改进冶炼操作水平、提高除尘效率、安装活性炭吸附设施等二噁英污染控制设施和措施均有一定的可行性，并在多个电弧炉炼钢企业进行了应用。应根据我国电弧炉炼钢企业的特点，进一步细化完善，提出符合我国电弧炉炼钢行业发展的、经济可行的技术措施，如随着我国对二氧化硫、氮氧化物等主要污染物总量控制要求的提高，可同步脱除二氧化硫、氮氧化物、重金属、粉尘及二噁英的协同减排装置应用日益广泛，这种方式也是当前电弧炉炼钢企业控制二噁英排放方面最经济有效的末端治理方式。

3.2.2 《BAT/BEP 技术导则》关于铁矿石烧结的技术要求

钢铁工业中的烧结车间是生产铁的过程中的一个预处理工序，烧结过程中所形成的二噁英很可能主要通过从头合成反应，一般来说烧结车间的废气中的二噁英以 PCDFs 为主。PCDD/Fs 可能在矿石被点燃后不久开始形成，首先是在烧结床的顶部区域，随后在接近烧穿点的烧结带下部的较冷的原料层发生冷凝。

一级处理方法是指在铁的烧结过程中用来防止或最大限度减少 PCDD/Fs 形成的方法，包括稳定的烧结工艺、连续的工艺参数监测、废气的循环、最大限度减少被 POPs 或能导致形成 POPs 的物质所污染的原料以及原料的预处理。二级处理方法则指的是控制和减少铁烧结过程中 PCDD/Fs 排放的方法，包括吸附/吸收（例如活性炭注射）、使用尿素添加剂抑制 PCDD/Fs 的形成和高效除尘，也包括配有有效的废水和污泥处置系统的湿式废气洗涤装置。

根据《BAT/BEP 技术导则》，烧结车间对空气排放的 PCDD/Fs 在操作氧浓度下可达到低于 0.2 ng TEQ/m^3 的水平。

3.2.2.1 一级处理方法

一级处理方法是指针对源头处理和过程管理的污染防治技术，通过工艺优化或者综合处置技术，规避二噁英产生的环境因素条件，减少或消除二噁英的生成。一级处理方法被证明可以协助防止和最大限度减少二噁英的形成和释放。对于具体的工厂而言，仅实施一级方法能在多大程度上减少污染物的排放并不清楚，还需要进一步评估。推荐的做法是下面的一级方法并同时采用适当的二级方法以确保最大限度地减少可能的污染物排放。已确定的一级方法如下：

（1）烧结带的稳定运行和一致运行

研究表明 PCDD/Fs 是在烧结床中形成的，很可能是在热空气通过烧结床时，在火焰前段的头部处产生的。扰乱火焰的前端（非稳定态条件）已被证实会导致较高的 PCDD/Fs 排放。

为了减少 PCDD/Fs 和其他污染物的排放，烧结带必须在一致和稳定的工艺条件下进行操作（稳定态操作，最大限度较少工艺的变化）。一致和稳定的工艺条件包括：工作带移动速度，炉床成分（原料的持续搅拌，最大化减少氯化物的进入），炉床高度，添加剂的使用（例如：添加烧过的石灰可以减少 PCDD/Fs 的形成），减小轧屑含油量，减小从工作带、管道和尾气调节系统中渗入的空气以及减少工作带的中途停止次数等。

（2）连续的工况监测

为了确保烧结带和尾气调节系统的最优化运行，应该使用连续的工况监测系统。在排放物检测中，各种参数都须被测量，从而确定它们同烟囱排放量之间的相关性。对那些确定下来的参数要进行连续监测，并将它们同最优工况时的值相比较。参数值的波动可以作为一种预警，从而及时采取正确的措施维持烧结带和排放控制系统处于最佳工况。

需要监测的运行参数包括：节气阀的设置、气压降、洗涤器的水流速度、平均不透明度、烧结带运转速度。

铁烧结车间的操作者应该制订一个现场专用的监测计划用以进行连续监测，这个计划包括安装、性能、运行、维护、质量保证和记录保存。美国环保局要求操作者应该按照监测和运行维护的要求如实将参数记录备份在案。

（3）尾气的再循环

烧结尾气（废气）的再循环已经被证明可以最大限度减少污染物的排放以及减少需要终端处理的尾气产量。整个烧结带中的尾气的再流通，或者局部尾气的再流通，都可以最大限度地减少污染物的形成和释放。

铁烧结尾气的循环可以减少 PCDD/Fs、NO_x 和 SO_2 的排放。但这项措施同样会导致减产、烧结物品质的降低、车间内粉尘和维护次数的增加。因此，对任何此类技术都需要在实施时认真考虑它对工厂运行的潜在影响。

（4）原料选择

烧结带进料中的有害物质应该最大限度减少。这些有害物包括 POPs 和其他同 PCDD/Fs、HCB 和 PCB 形成相关的物质（例如：氯元素/氯化物、碳元素、前体物和油）。对进料的控制不严同样会影响到高炉的运行。

对进料应该进行检查以确定那些与 POPs 或其形成有关的物质的组成、结构和浓度。同时，消除进料中的有害物质的备选方法也应该确定下来。例如：

- 从原料中去除这些污染物（例如：除去轧屑油）；
- 原料的替代（例如：用无烟煤代替焦炭）；
- 避免使用被污染的原料（例如：避免使用静电除尘器的烧结物粉尘）；
- 规范进料中有害物质的浓度限制（例如：控制进料中的含油量）。

（5）原料预处理

细小颗粒的进料（例如集尘）应该在投入烧结带之前被充分地凝聚成团，并充分地混合搅拌，以减少废气中夹带和形成的污染物以及无规则的排放。

（6）尿素注入

将定量的尿素颗粒添加到烧结带中，这项技术被认为能够防止和减少二噁英和二氧化硫的排放。欧洲部分烧结工厂的实验结果显示，在烧结原料中添加少量尿素可以降低50%的二噁英排放。其原因可能是因为尿素所释放的氨能够与烟尘中的氯结合，降低了氯在二噁英形成过程中的可用性。

在座落于安大略湖的汉密尔顿的加拿大某烧结工厂，人们测试了一种能减少二噁英排放的类似工艺。该烧结厂发现，封闭熔炉通过减少氧气的量和添加少量的尿素以干扰生成二噁英的化学反应能够达到减排的效果。这项新工艺配置了空气洗涤除尘系统，在测试中共释放了 177 pg TEQ/m^3 的二噁英，符合 2005 年加拿大的排放标准（500 pg TEQ/m^3）。1998 年该烧结厂测得的结果是 2 700 pg TEQ/m^3，这也意味着减排了 93%。

尽管如此，也有报告说这种方法会导致清洁过的废气中含有粉尘、NO_x和 NH_3等额外的污染物（假设仍使用已有的空气污染防治和控制系统）。

3.2.2.2　二级处理方法

二级处理方法是指针对末端的污染控制技术或工艺，有时也称作末端处理技术。这些技术或工艺不会消除二噁英的产生，但可以抑制或减少二噁英的排放。已经被证明可以有效减少二噁英排放的方法包括：

（1）吸附（吸收）和高效除尘

这项技术包括将 PCDD/Fs 吸附到诸如活性炭之类的物质上，并同时采取有效的颗粒物（除尘）控制手段。

①可再生活性炭吸附技术。在尾气进入活性炭处理单元前首先使用静电除尘器降低其中的粉尘浓度。尾气会通过一个缓慢移动的活性炭炭床，这些活性炭起着过滤或吸附的作用。使用过的活性炭被排放和转移到再生炉中，在那里它们被加热到较高的温度。吸附于炭粒的 PCDD 和 PCDF，在再生炉内的惰性气氛下被分解消除。这一技术可以将排放浓度降到 0.1～0.3 ng TEQ/m^3。

②袋式除尘器与褐煤或者活性炭注入相结合的联合工艺。PCDD 和 PCDF 被吸附于注入的材料上，之后再用袋式除尘器收集这些吸附剂。在烧结带工况良好的情况下应用这种技术，PCDD/Fs 的排放浓度范围可以控制在 0.1～0.5 ng TEQ/m^3。

原则上说，在诸如静电除尘器和袋式除尘器等已有除尘设备和控制 POPs 排放的焚烧炉之前向气流中注入炭是可以实现的，并且在比利时的一些铁烧结工厂中，这项技术也取得了成功。添加炭到已有设备中所需的花费比追加再生的活性炭系统要便宜得多。

（2）细小颗粒的湿式洗涤系统

洗涤除尘系统使用水流对废气进行逆向洗涤并将尾气快速冷却，然后进入洗涤器，用高压喷雾的方式去除细尘粒和二噁英。此项技术必须配套建设污水处理设施，并对产生的污泥进行安全处置。

奥地利 Voest Alpine 工业公司开发的“Airfine”洗涤除尘系统，对烧结烟气中的细小颗粒物进行湿式洗涤（图 3-3），研究显示此系统能有效地将二噁英污染物排放浓度降到 0.2～0.4 ng TEQ/m^3。

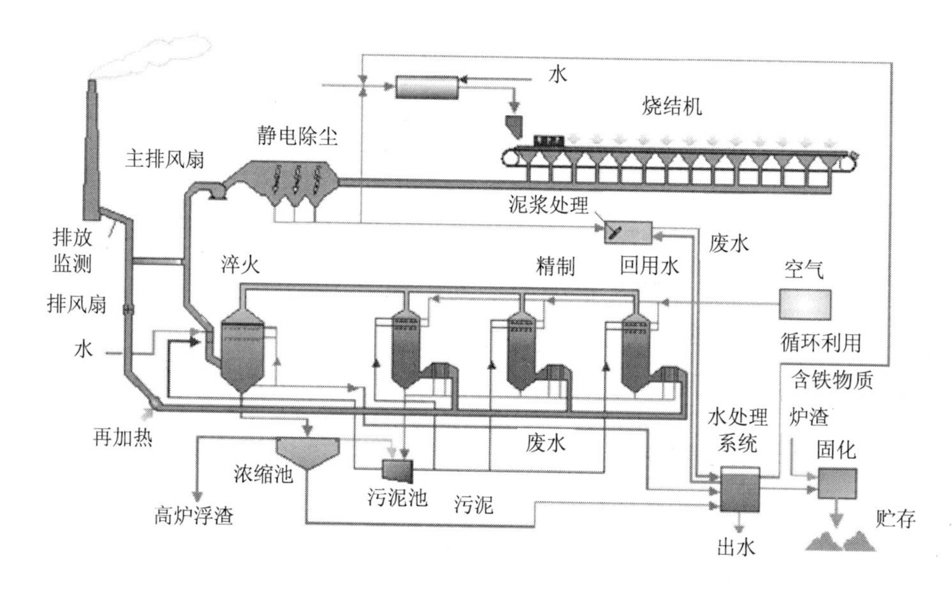

来源：Hofstadler et al.，2003。

图 3-3　使用细小颗粒湿式洗涤系统的烧结厂的工艺流程图

（3）常规方法

有效的除尘可以帮助减少二噁英的大气排放，烧结尾气所含的细小粒子具有相当大的比表面积，所以能够吸附和浓缩包括 PCDD 和 PCDF 在内的气态污染物。去除颗粒物的最佳可行技术是使用袋式除尘器，但是要想有效地控制 PCDD 和 PCDF 的形成和排放，还应该和其他工艺同时使用（如吸附、吸收和尾气的再循环）。使用后，颗粒物的排放质量浓度最低可到 10 mg/m^3 以下。

其他一些烧结厂经常使用的去除烧结尾气中颗粒物的方法是静电除尘，偶尔也会用到湿式除尘，通过性能良好的静电除尘器和高效湿式空气除尘器，颗粒物质量浓度最低可达到 30 mg/m^3 以下。

无论进料还是卸料，正确安装用来捕捉收集颗粒排放物的控制设备都是必要的。

在静电除尘器的下游也可以安装袋式除尘器，用来分离和回用收集到的粉尘。

给烧结带加盖可以减少烧结过程中产生的无规则排放，同时也使其他技术的使用成为可能，例如尾气循环技术。

（4）选择性催化还原

选择性催化还原技术作为控制氮氧化物排放的一个有效的方法已经在很多工业生产中（包括铁烧结）得到应用。改进的选择性催化还原技术（例如增加反应区面积）加上合适的催化剂可以用来分解尾气中的PCDD/Fs，这一过程很可能是通过催化氧化反应发生的。这种方法可以看做是一种减少铁烧结和其他生产所排放的POPs物质的一种潜在的新型技术。

某个针对四个烧结厂烟囱排放物的调查结果表明，使用了选择性催化还原技术的工厂排放物中PCDD/Fs浓度较那些没有使用此项技术的工厂要低。此外，使用选择性催化还原技术的工厂排放的PCDD/Fs中氯的取代度也相对较低。由此可知，选择性催化还原技术虽然能够降解PCDD/Fs，但是仅仅使用此项技术还不足以使污染物排放满足严格的排放标准。因此，选择性催化还原技术还需要其他辅助技术（例如活性炭注入）的配合。

催化技术不仅受制于可选的催化剂种类，还必须面对痕量金属和其他废气污染物所导致的毒性效应。因此，在使用这种技术之前必须进行有效的论证工作。为了确定选择性催化还原技术和其他催化氧化技术在破坏和减少铁烧结中产生的PCDD/PCDF排放中的价值和有效性，进一步的研究仍然很有必要。

3.2.2.3 《BAT/BEP技术导则》的适用性

《BAT/BEP 技术导则》主要针对铁矿石烧结过程中的原料、烧结条件、尾气循环、监测系统等前端和过程环节及粉尘收集、除尘设备、吸附剂等末端治理环节，其中提到的技术工艺在我国基本都有使用的实例，因此《BAT/BEP技术导则》

基本适用于我国铁矿石烧结行业。

就我国目前的技术能力和水平，《BAT/BEP 技术导则》所提到的改善原材料质量、保持一致和稳定的运行条件、连续的工况监测、尾气再循环、添加尿素、安装活性炭吸附设施、提高除尘效率、给烧结带加盖等二噁英污染控制设施和措施均有一定的可行性，且多个二噁英污染控制设施和措施已在部分烧结厂进行相关应用。应根据我国铁矿石烧结企业的特点，进一步细化完善，提出符合我国铁矿石烧结行业发展的、经济可行的技术措施，如随着我国对二氧化硫、氮氧化物等主要污染物总量控制要求的提高，可同步脱除二氧化硫、氮氧化物、重金属、粉尘及二噁英的协同减排装置应用日益广泛，这种方式也是当前烧结厂控制二噁英排放方面最经济有效的末端治理方式。

第四章　电弧炉炼钢行业二噁英污染控制技术

4.1　电弧炉炼钢行业在我国的发展概况

4.1.1　电弧炉炼钢行业现状

电弧炉炼钢是指通过石墨电极向炼钢炉内输入电能，在电极端部和炉料之间产生电弧，并以此电弧为热源进行炼钢的方法。电弧炉的热源为电能，炉内气氛可调，对熔炼含易氧化元素较多的钢种极为有利。电弧炉炼钢技术最早于 19 世纪末出现在法国，随着电弧炉设备的改进以及冶炼技术的提高，电弧炉炼钢的成本不断降低，经济效益和环境优势凸显，其产量在主要工业国家总钢产量中的比重不断上升，其中美国 2004 年电弧炉炼钢的占比超过 70%。

我国的电弧炉炼钢始于 20 世纪初期，新中国成立后在一些工业城市有了较快的发展，主要用于生产优质钢和合金钢，1980 年电弧炉炼钢的产量约占总钢产量的 20%。1980—2000 年，虽然我国电弧炉炼钢行业的产能和产量始终处于上升趋势，但由于钢材的总产能和产量同样快速增加，我国电弧炉炼钢的钢产量在总钢产量中的占比基本保持在15%～20%。近年来，在节能、降耗、减排的大形势下，电弧炉炼钢行业的装置数有所减少，产能和产量也均有小幅降低，且由于总钢产量仍然较快增长，电弧炉炼钢的钢产量在总钢产量中的占比逐渐下降，近几年基本处于10%～5%（表4-1）。

表4-1 电弧炉炼钢行业2008—2012年产量

年份	装置数/台（套）	产能/万t	产量/万t	产量占比/%
2008	713	10 130	5 515	9.4
2009	743	11 166	5 964	8.6
2010	533	12 498	6 052	7.6
2011	496	9 795	5 587	6.3
2012	487	9 093	4 668	4.9

电弧炉炼钢行业的主要污染物包括：烟尘、二氧化硫、氮氧化物、温室气体、二噁英及固体废物等。近年来，在国家倡导节能减排的大环境下，相关环境保护标准逐渐完善，在线监测能力不断提高，烟尘、二氧化硫、氮氧化物的污染控制技术水平日渐提高，固体废物综合利用率稳步提升，同时也对二噁英起到了协同减排的效果。

4.1.2 电弧炉炼钢的原辅材料

电弧炉炼钢的原辅材料主要包括原材料和辅助材料两大类，其中原材料包括废钢铁、废钢代用品以及铁合金等，辅助材料包括氧化剂（如氧气、铁矿石、氧化铁皮等）、造渣剂（如石灰、萤石等）、增碳剂（如焦炭、石墨电极、生铁、煤等）。

4.1.2.1 原材料

废钢是电弧炉炼钢的主要原料，每吨钢产品的废钢消耗量约 1.1 t。由于废钢经多次循环冶炼后，某些对钢质有害且不能在冶炼过程中去除的元素（如铜、铅等）富集，影响钢材的质量，因此有些电弧炉采用相对更纯净的海绵铁来部分（30%～70%）代替废钢，减少有害物质的相对含量。冶炼合金钢时，大多数采用成分相近或相应的合金废钢为炉料，冶炼过程中再用铁合金补充调节。

废钢按其来源可主要分为自产废钢（钢厂内）、加工厂废钢（制造厂）和循环废钢（社会）三种。其中自产废钢是冶炼厂内返回的不合格产品或边角料，废钢的质量相对较好，成分可控；加工厂废钢是其他加工制造厂产生的边角余料，废钢质量也较好，但由于来源不一，废钢的成分有所差别；循环废钢是指通过固体废物回收企业或小商贩从社会上回收的废钢，虽然数量很大，但成分最复杂，质量也相对较差。

循环废钢是从废旧钢制品中回收的，这些钢制品包括机械与建筑结构、废旧车辆、仪器仪表、家电炊具以及军火武器等，它们不可避免地存在其他金属和有害元素，包括废塑料、黏合剂等有机化合物。国际上通用的提高废钢质量的措施有两项，一是加入生铁、海绵铁等较纯净的原料，二是去除废钢中的有害物质。

4.1.2.2 辅助材料

辅助材料包括氧化剂、造渣剂、增碳剂等。

氧化剂主要有氧气、铁矿石、氧化铁皮等，其中氧气是目前最主要的氧源。由于氧化铁皮有较好的脱磷效果，在原料来源复杂不清或含磷量较高的情况下，氧化铁皮也常被使用。

造渣剂主要有石灰、萤石等，其中石灰是主要的造渣剂，用来提高炉渣的碱度，用量最大，效果最好。萤石的主要作用是化渣，用来降低石灰的熔点，改善炉渣的流动性。

增碳剂包括焦炭粉、石墨电极、生铁等。焦炭粉是主要的、最常用的、最普通的增碳剂；石墨电极的增碳效果最好，但成本相对较高；生铁在配料时常用来配碳源，精炼过程中的增碳需要用优质生铁，一些国内的钢厂也曾使用煤来代替生铁增碳。

4.1.3　电弧炉炼钢的工艺

电弧炉炼钢工艺通常按照造渣工艺来划分，有单渣氧化法、单渣还原法、双渣氧化法和双渣还原法，目前普遍采用的是双渣氧化法和双渣还原法。

4.1.3.1　双渣氧化法

双渣氧化法又称氧化法，其特点是冶炼过程中有正常的氧化期，能脱碳、脱磷、除气、去杂，对炉料也没有特殊要求；同时又有还原期，可以提高出钢的质量。

氧化法炼钢的操作过程分为补炉、装料、熔化、氧化、还原及出钢六个阶段，其中熔化、氧化、还原三个阶段是主要阶段，俗称老三期。

补炉主要是对冶炼过程中损坏的炉衬进行修补，通常使用镁砂、白云石以及黏结剂（如磷酸盐、硅酸盐等）进行机械喷补。

装料主要采用炉顶料篮（料罐）进行分次填装，通常每炉钢的炉料要分 1～3 次。

熔化期的主要任务是将炉料快速加热至熔化，并继续加热至氧化温度。熔化期分为四个阶段：点弧、穿井、主熔化及熔末升温。传统工艺条件下，熔化期的时间占整个冶炼时间的 50%～70%，电耗占七到八成，现代工艺条件下虽然可以采用提高功率、减少热停工时间、强化用氧、炉料预热等手段缩短熔化期时间，但熔化期仍然是整个冶炼过程中时间最长、电耗（能耗）最大的阶段。

氧化期是氧化法炼钢的主要过程，其主要任务是脱碳、脱磷、去杂、除气。

还原期在现代工艺下被移至炉外进行，主要任务是脱氧、脱硫、合金化、调温。

钢液经氧化、还原后，如化学成分、温度、杂质含量、炉渣的碱度与流动性均符合要求即可出钢。

4.1.3.2 双渣还原法

双渣还原法又称返回吹氧法，其特点是冶炼过程中氧化期较短（通常不超过10 min）：既造氧化渣又造还原渣，能脱碳、除气、去杂，但难以脱磷，因此要求炉料中的磷含量应相对较低。此法不但能去除有害元素，还可以回收合金元素，因此适合冶炼不锈钢、高速钢等铬、钨含量较高的钢种。

4.2 电弧炉炼钢二噁英污染控制技术解析

4.2.1 电弧炉炼钢过程生成二噁英的影响因素

二噁英的生成条件包括碳源、氯源、温度、氧浓度、催化剂和水分等。

碳源主要包括两个方面：一是原料中使用的废钢可能带有的杂质。三类废钢（自产废钢、加工厂废钢和循环废钢）中，钢铁厂的自产废钢中有机成分相对较少，但加工厂废钢中可能沾染有切削油、润滑油等油污，而循环废钢中的成分则更加复杂，常见的杂质包括油脂和塑料等。二是电弧炉炼钢通常使用的辅助材料中包含的焦炭。

氯源主要是原料中使用的废钢，包括加工厂废钢和循环废钢。

二噁英最适宜生成的温度区间为300～500℃，这个温度区间主要存在于废钢预热过程及烟气排放的降温过程。

电弧炉炼钢过程中存在氧化阶段，通常直接添加氧气作为氧化剂，该氧气也同时称为二噁英生成过程中的氧源。

催化剂主要来自原料中使用的废钢，钢铁本身就是一种催化能力相对较弱的催化剂，同时废钢中通常还含有其他催化能力较强的金属（如铜等）。

4.2.2　二噁英控制技术的全过程管理

近年来，污染物控制技术更加强调全过程管理，即从源头控制到过程减排再到后期治理三个阶段。

4.2.2.1　源头控制

电弧炉炼钢行业二噁英的源头控制主要是针对废钢。

首先，应把好废钢的质量关。如前所述，废钢类型包括自产废钢、加工厂废钢和循环废钢三类，其中自产废钢的质量相对较好，杂质种类和含量均可控，应尽量减少接触有机物；对于加工厂废钢来说，钢厂应考虑该加工厂的类型和工艺，尤其是来自使用切削油、润滑油的加工厂的废钢；对于来自社会源的循环废钢，应重点关注废钢中油漆、塑料等有机物的含量。

其次，在必要时要对废钢进行分选，最大限度减少油脂、油漆、涂料、塑料等有机物的入炉量，必要时还应对废钢进行清洗。如果分选出来的废钢还需进行冶炼，应注意这些废钢不宜采取预热处理，可在电弧炉加料环节缓慢地连续添加，以降低未燃烧的有机物含量，从而降低二噁英生成量。

最后，不得将废塑料、废轮胎作为碳源用于电炉炼钢。仅从能源角度考虑，将废塑料、废轮胎作为碳源用于电炉炼钢可以在一定程度上实现节能，国内外已有这方面的研究成果，国内也有一些企业在试点实施。但是，有研究显示，根据二噁英的生成机理分析，向电炉中喷入废塑料、废轮胎，二噁英以及 PCBs（多氯联苯）、PAHs（多环芳烃）、苯系物、VOC（挥发性有机物）等其他有毒有害有机污染物的产生量也将大幅增加。为此，从二噁英污染防治的角度，不宜将废塑料、废轮胎作为碳源用于电炉炼钢。

4.2.2.2 过程减排

由于二噁英最适宜生成的温度区间（300～500℃）主要存在于废钢预热过程及烟气排放的降温过程，因此二噁英的过程减排也主要针对这两个过程。

废钢预热过程的二噁英减排包括减少二噁英的生成和提高二噁英的去除率两种方式，具体手段有提高热利用效率以加快预热速度，减少在 300～500℃的停留时间；缩小炉顶的敞开进料时间，减少空气向电炉内的渗漏；使用石灰作为造渣剂，以抑制催化剂（如：铜（Cu）、氯化铜（$CuCl_2$）、氯化亚铜（Cu_2Cl_2）等）的活性，同时也可与 Cl_2 反应从而减少生成二噁英所需的氯源；保证烟气在燃烧室的停留时间和温度，提高二噁英的去除率等。

尽管从能源角度考虑，用电炉烟气预热废钢可以在一定程度上实现节能，但研究表明，如使用电炉烟气预热废钢，二噁英的生成量将急剧增加。此外，PCBs（多氯联苯）、PAHs（多环芳烃）、苯系物、VOC（挥发性有机物）等其他有毒有害的有机污染物产生量也将明显增加。国外一些发达国家和地区早已禁止用电炉烟气预热废钢，为此，从二噁英污染防治角度出发，不宜采用电炉烟气预热废钢。

由于冶炼过程的温度通常都在 1 000℃以上，而二噁英在 850℃以上停留 2 s 就会被破坏结构，因此废钢预热过程中产生的二噁英在熔化期就几乎被全部破坏，故电弧炉炼钢行业排放的二噁英实际上几乎全部是烟气降温过程中产生的二噁英。

与废弃物焚烧设施类似，电弧炉炼钢装置烟气排放的降温过程中的二噁英生成也主要通过非均相反应即低温异相催化反应生成，包括前驱物合成机理和从头合成机理两种生成方式。二噁英的生成量既与烟气中的碳、氯、氧及催化剂的含量等因素有关，也与烟气的冷却时间有关，因此，在控制原料质量减少碳、氯及催化剂含量的基础上，还可参考废弃物焚烧设施采用的喷水雾急冷等方式减少烟气降温过程中二噁英的生成。

4.2.2.3 后期治理

电弧炉炼钢行业二噁英的后期治理主要包括粉尘收集及固体废物、废水的处理处置。

研究显示，大部分烟气排放降温过程中生成的二噁英附着在烟尘等颗粒物上，对颗粒物的收集虽然不会降低二噁英的产生量和排放量，但会对二噁英的排放去向产生影响，即将附着二噁英的颗粒物收集并成为固体废物或废水，可大大降低二噁英的大气排放。目前电弧炉炼钢行业主要使用的除尘装置有静电除尘器、袋式除尘器、水幕除尘器、湿法文氏管除尘器等。

袋式除尘器（图 4-1）是一种干式滤尘装置，利用纤维织物的过滤作用对含尘气体进行过滤，含尘烟气通过过滤层时，气流中的尘粒被滤层阻截捕集下来，从而实现气固分离。袋式除尘器的除尘效率最高可达 99%以上，在其作用下，除尘器出口气体的含尘量可以达到 5 mg 粉尘/m^3 的水平，从而可大幅减少二噁英的大气排放。

静电除尘器（图 4-2）其工作原理是利用高压电场使烟气发生电离，气流中的粉尘荷电在电场作用下与气流分离。静电除尘器的除尘效率最高可达到 95%以上。

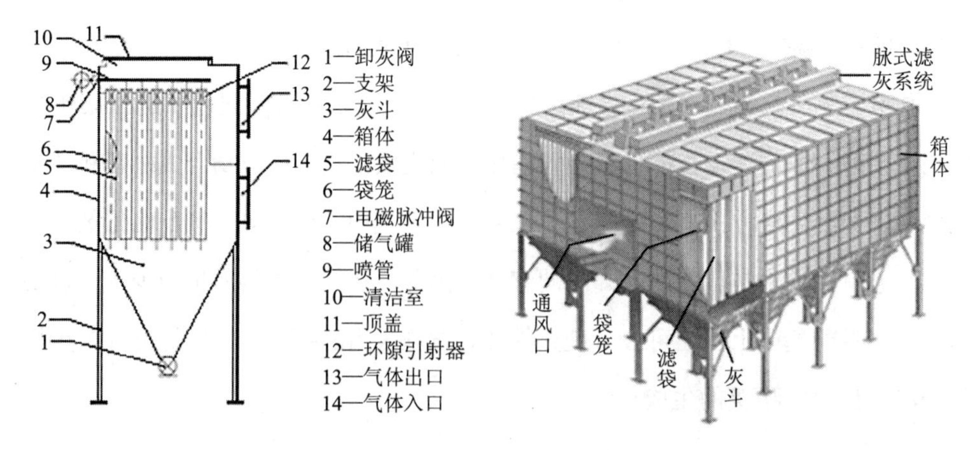

图 4-1 袋式除尘器外观及内部结构

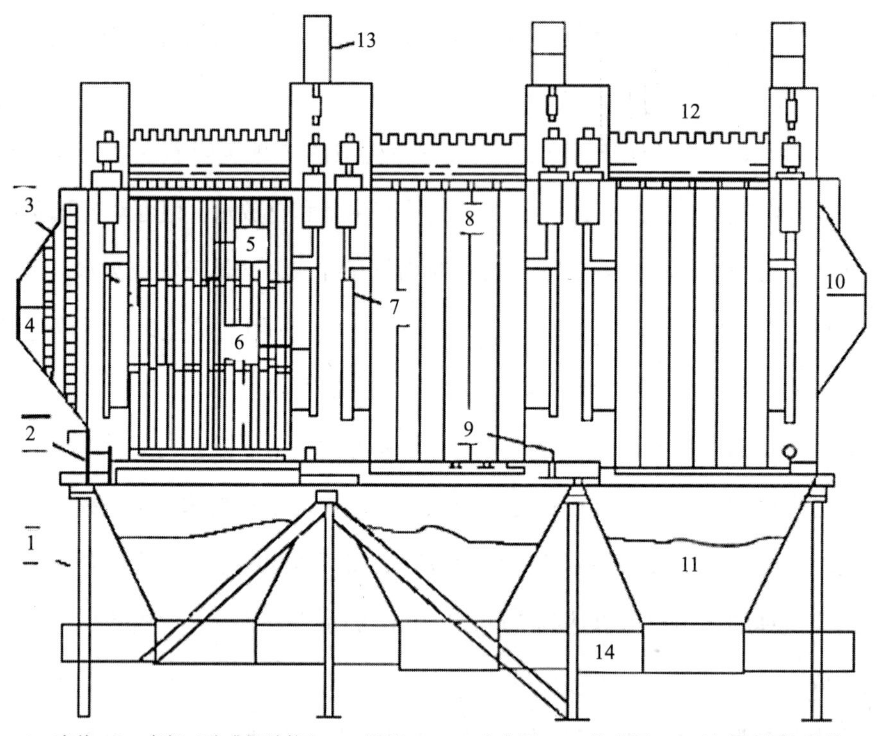

1—壳体；2—支架（砼或钢结构）；3—进风口；4—分布图；5—放电极；6—放电极振打结构；7—放电极悬挂框架；8—沉淀极；9—沉淀极振打传动装置；10—出气口；11—灰斗；12—防雨盖；13—放电极振打传动装置；14—拉链机

图 4-2 静电除尘器内部结构

水幕除尘器（图 4-3）是一种常见的湿法除尘装置，含有粉尘的烟气与水幕进行逆流接触，一方面使得粉尘颗粒润湿后相互粘连凝聚并与大气分离，另一方面也同时实现了烟气冷却。水幕除尘器成本低，结构简单，操作和维修维护方便，但除尘效率相对较低，一般只有 40%～70%。

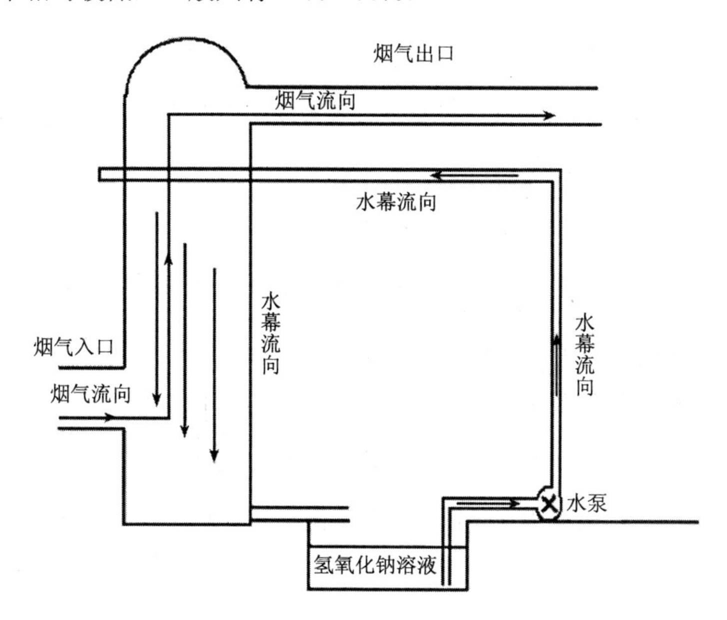

图 4-3　水幕除尘器工作原理

文氏管除尘器也是一种湿法除尘装置，工作原理与水幕除尘器类似，只是将烟气和水的接触地点置于专用的文丘里管中。

4.3　推荐的二噁英控制技术

电弧炉炼钢的二噁英污染防治包括原辅料控制、过程控制及末端治理几个方面，具体如下：

原料控制：废钢在入炉前应进行分选，以最大限度减少油脂、油漆、涂料、废塑料等有机物的入炉量，严格控制氯源入炉量，对含有机物较多且难以分选的废钢应另行加工处理。

辅助材料控制：不将废塑料、废轮胎作为碳源用于电炉炼钢。尽管将废塑料、废轮胎作为碳源用于电炉炼钢不但可以节能还可以消纳社会源废物，但是根据二噁英生成机理及有关检测数据，向电路中加入废塑料、废轮胎后，二噁英、PCBs（多氯联苯）、PAHs（多环芳烃）等有毒有害污染物的产生量将大幅增加。不添加氯化钙，以减少氯源入炉量。

废钢预热：避免采用电炉烟气预热废钢。采用电炉烟气预热废钢时，难以避免二噁英的最佳合成温度区间。有研究显示，在采用电炉预热废钢的情况下，二噁英的生成量剧增，尽管此阶段生成的大部分二噁英会在冶炼过程中销毁，但仍不建议对废钢进行烟气预热。

烟气急冷：谨慎使用烟气急冷设施。与国外的电弧炉炼钢原料以废钢为主不同，国内电弧炉炼钢原料中高炉铁水所占比例更大，通常要到50%以上，个别电弧炉中甚至达到80%或更高。高炉铁水占比大带来的重要后果是电炉煤气的大量产生，在这种情况下，如果采用烟气急冷措施，将导致大量的余热无法回收利用。此外，电弧炉烟气急冷设施还存在体积较大、投资较高等问题。因此，电弧炉炼钢行业的烟气急冷技术应在认真评估得失的基础上谨慎采用。

末端减排：推荐使用袋式除尘器、静电除尘器等高效除尘装置，并辅以活性炭吸附装置。收集的粉尘应再进行高温处理，以销毁其中的二噁英。

对提出的电弧炉炼钢工艺二噁英污染防治技术从资源和能源利用、污染物排放、经济成本和技术可靠性等方面进行综合比选与评价，筛选出的电弧炉炼钢工艺二噁英污染防治最佳可行技术见表4-2。

表 4-2 电弧炉炼钢工艺二噁英污染防治最佳可行技术

技术名称	主要技术指标	适用范围
一、工艺过程污染预防技术		
废钢分拣预处理技术	最大限度杜绝含氯物质和放射性物质的废钢入炉，源头上预防二噁英的产生	电炉炼钢工艺废钢分拣预处理
二、末端治理技术		
物理吸附+高效过滤技术	烟气捕集率＞95%，除尘效率＞99.9%，外排废气含二噁英浓度不高于 0.5 ng TEQ/m^3	炼钢工艺回收烟气余热的电路烟气二噁英治理
烟气急冷+高效过滤技术	烟气捕集率＞95%，除尘效率＞99.9%，外排废气含二噁英浓度不高于 0.5 ng TEQ/m^3	炼钢工艺不回收烟气余热的电路烟气二噁英治理

为实现电弧炉炼钢企业的二噁英污染控制，建议国家或行业采用如下导向的技术政策：

（1）对送入炼钢炉中的废钢原料，如其带有涂层、油污及含氯物质应进行适当的预处理，最大限度杜绝含氯源物质的废钢入炉。

（2）不得在没有任何高效除尘设施的情况下采用废钢预热工艺。鼓励企业结合炼钢炉设备工艺特点，开展二噁英减排工程实践。

（3）炼钢炉集尘设备入口废气温度应保持在 200℃以下，并具备可实时显示炼钢炉集尘设备入口废气温度的监测设施。

（4）鼓励采用物理吸附加高效过滤技术处理烟气，如采用活性炭喷射设备降低二噁英排放量。

4.4 二噁英污染控制技术应用实例

宝钢集团有限公司认识到铁矿石烧结和电弧炉炼钢是钢铁工业主要的二噁英发生源，烧结过程具备“从头合成”生成二噁英的大部分条件，电炉炼钢过程中二噁英的产生与废钢原料中附着的油漆、塑料、废油等杂质以及电极、炉墙耐火材料等密切相关。自 2003 年起宝钢开展二噁英污染现状及防治技术的基础研究，并于 2007 年建成二噁英分析检测实验室，成为我国首家制造业企业建成的二噁英分析检测实验室。

宝钢集团与原国家环境保护总局《斯德哥尔摩公约》履约办（现为环境保护部环境保护对外合作中心）合作开展了“中国无意排放 POPs 副产物行业最佳可行技术与最佳环境实践导则示范项目”、“中意合作中国 UP-POPs 减排战略：BAT/BEP 和试点行业的增量成本估算”等项目的研究，完成了对宝钢分公司 1 号烧结机、特殊钢分公司 100 t 电炉生产时二噁英排放现状的调查取样和分析工作，并开展了减低二噁英排放的初步工业试验。试验结果显示：通过调整原料和技术措施，烧结烟气中以及电炉排放烟气中的二噁英含量较试验前下降了 40%～50%。

第五章　铁矿石烧结行业二噁英污染控制技术

5.1　铁矿石烧结行业在我国的发展概况

5.1.1　铁矿石烧结行业现状

铁矿石烧结是铁矿石造块的主要方法之一，将贫铁矿经过选矿得到的铁精矿、富铁矿在破碎和筛分过程中产生的粉矿、生产中回收的含铁粉料、熔剂和燃料等，按要求比例配合，加水混合制成颗粒状烧结混合料，平铺在烧结台车上，通过点火、抽风，借助燃料燃烧产生的高温和一系列物理化学变化，生成部分低熔点物质，并软化熔融产生一定数量的液态物质，将铁矿物颗粒黏结起来，冷却后，即固结成为具有一定强度的多孔块状产品——烧结矿。烧结生产经历了固相反应、液相生成和冷凝固结的过程。

铁矿石烧结最早于 19 世纪末期出现在英国，第二次工业革命兴起后，于 20 世纪在欧洲、美国和日本等地得到迅猛发展。随着钢铁工业的发展，烧结矿的产量也逐渐增加，并在 20 世纪 40 年代达到 1 亿 t；自 20 世纪 50 年代开始铁矿石烧结矿的产量迅猛增加，到70年代全世界烧结矿的年产量超过5亿t（图5-1）。

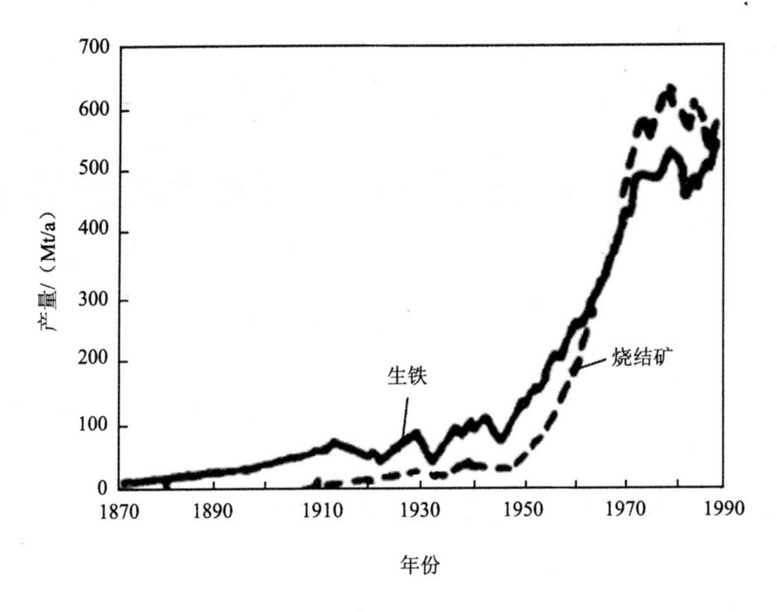

图5-1 世界生铁及烧结矿生产情况

中国最早的带式抽风烧结机于1926年在鞍山建成投产，烧结机有效面积为21.81 m^2。1935—1937年又有4台50 m^2烧结机相继投产，1943年烧结矿最高年产量达24.7万t。新中国成立后，钢铁工业迅速发展，烧结能力和产量均有很大提高。到1991年年末，全国烧结机总有效面积达到9 064 m^2，烧结矿年产量达到9 654万t；2006年全国烧结矿产量超过5亿t，2009年超过7亿t，2013年约9亿t，连续多年稳居世界第一位。

铁矿石烧结行业的主要污染物包括：烟尘、二氧化硫、氮氧化物、温室气体、二噁英及固体废物等。与电弧炉炼钢行业类似，近年来，在国家倡导节能减排的大环境下，作为高耗能、高污染的典型行业，铁矿石烧结行业的相关环境保护标准逐渐完善，污染控制技术水平日渐提高，同时也对二噁英起到了协同减排的效果。

5.1.2　铁矿石烧结的原辅材料

铁矿石烧结的主要原材料包括铁精矿，富铁矿在破碎和筛分过程中产生的粉矿，以及生产中回收的含铁粉料（如高炉和转炉炉尘、轧钢铁皮等），辅助材料主要包括熔剂和燃料等。

5.1.2.1　原材料

烧结使用的含铁原料主要是各类含铁矿物的精矿和精矿粉。铁精矿是铁矿石经选矿处理后的产物，精矿粉是铁精矿在开采或加工过程中产生的细粒（粒度小于 5 mm 或 8 mm）部分。铁元素含量是铁精矿最重要的品质指标，高品位铁精矿一般含铁量在 60%以上。我国高品位铁精矿主要依靠从巴西、澳大利亚、印度进口。铁精矿中的有害成分主要包括硫、磷、二氧化硅、三氧化二铝等。

按照含铁矿物的类型和性质，目前烧结生产常用的铁矿石可以分成四类，即磁铁矿、赤铁矿、褐铁矿和菱铁矿。

磁铁矿的化学式为 Fe_3O_4，理论上铁元素含量为 72.4%。磁铁矿中常见的杂质有黄铁矿、石英、硅酸盐、碳酸盐、黏土、磷灰石等，一般从矿山开采出来的磁铁矿石中铁元素含量在 45%～70%。当铁元素含量低于 45%时，需经过破碎、选矿处理，如通过磁选法得到高品位的磁选精矿。

赤铁矿俗称红矿，化学式为 Fe_2O_3，理论上铁元素含量为 70%。赤铁矿中所含的有害杂质硫、磷、砷较磁铁矿少，主要的杂质——脉石的成分是硅、铝、钙、镁等元素的氧化物，一般从矿山开采出来的赤铁矿石中铁元素含量在 55%～60%。当铁元素含量低于 40%时需进行选矿处理，常见的选矿方法有重力选矿法、磁化焙烧-磁选法、浮选法以及混合法等。

褐铁矿是含结晶水的 Fe_2O_3，其化学通式可表示为 $mFe_2O_3 \cdot nH_2O$，铁元素含量在 37%～55%。褐铁矿主要的杂质是黏土、石英等，硫、磷、砷等元素含量较高，当铁含量低于 35%时需进行选矿，常见的选矿方法有重力选矿法、磁化焙烧-磁选法等。

菱铁矿的化学式为 $FeCO_3$，理论上铁元素含量为 48.2%。与前三类铁矿石的主要区别是铁的氧化物不同，菱铁矿中的铁主要以碳酸盐的形式存在，烧结时会分解并释放出大量二氧化碳气体。菱铁矿中主要的杂质是黏土和泥沙，一般从矿山开采出来的菱铁矿中铁元素含量在 30%～40%。

除铁精矿和精矿粉外，一些副产品也经常被作为烧结原料加入烧结工序，主要有：①高炉除尘灰。高炉除尘灰是从高炉煤气净化系统中回收的瓦斯灰，主要包含矿粉和焦粉，其作为烧结原料，不仅回收了残余的铁分，还降低了烧结的能耗，节约了生产成本。②氧气转炉炉尘。氧气转炉炉尘是从氧气转炉中回收的含铁粉尘，含铁量较高。③氧化铁皮。氧化铁皮是轧钢过程中剥落下来的含铁料，杂质少，密度大，在烧结过程中能够氧化释放大量热量，有效降低烧结能耗。④其他矿渣，如钢渣、黄铁矿烧渣等。

5.1.2.2 辅助材料

烧结过程中使用的辅助材料主要包括熔剂和燃料。

熔剂按照性质不同可分为碱性熔剂、中性熔剂和酸性熔剂三类，由于铁矿石中通常含有酸性的脉石比较多，所以烧结最常使用的熔剂是碱性溶剂。常见的碱性溶剂有石灰石、白云石、生石灰和消石灰，近年来有些烧结厂还使用菱镁石、蛇纹石等熔剂。

烧结常用的燃料是焦炭和无烟煤。一般烧结厂对焦炭入厂的典型要求为固定碳的含量大于 80%，挥发分的含量小于 5%，灰分的含量小于 15%，水分含量小于10%。烧结使用的无烟煤固定碳含量通常在70%～80%，挥发分含量为2%～8%，氢和氧的总含量为2%～3%，发热量通常为31 300～33 440 kJ/kg。

5.1.3 烧结生产工艺流程

目前国内外最广泛采用的烧结工艺是带式抽风烧结法，通常包括原材料准备、烧结料制备、烧结、烧结矿成品处理及返矿等工段（图5-2）。

原材料准备工段包括原料的接收如储存、原料的中和混匀、熔剂和燃料的破碎加工、原料的输送等工序。

烧结料的制备即烧结流程中的混配工艺，包括配料、混合和制粒工序。

精确配料的目的是为了满足高炉冶炼的要求，使烧结矿有稳定的化学成分和物理性质，并且具有足够的透气性来保证烧结生产率，烧结配料的稳定程度对烧结过程的平稳进行和烧结矿的质量有较大影响。烧结原料的种类繁杂，组分波动相对较大，配料前须经过破碎筛分处理以满足粒度要求，然后根据需要确定烧结矿的化学成分再进行配料计算，一般需要对含铁量、含硫量、FeO含量、碱度等主要参数进行控制。

配料方法的采用在一定程度上决定了配料的精确度，目前常用的配料方法有容积配料法和质量（重量）配料法。现阶段，广泛使用的圆盘给矿机是容积配料法的一种，其假定物料堆积密度保持不变，借助套筒的闸门来控制配料的容积，此法设备简单、易于操作、应用较广。质量（重量）配料法是根据物料的质量（重量）来进行配料，此法比容积配料法更加精确，并且能够实现配料自动化。目前国外已经开发出了按化学成分进行配料的方法，此法是通过X射线荧光分析仪对烧结原料的化学成分进行分析，进而确定各物料的配比。

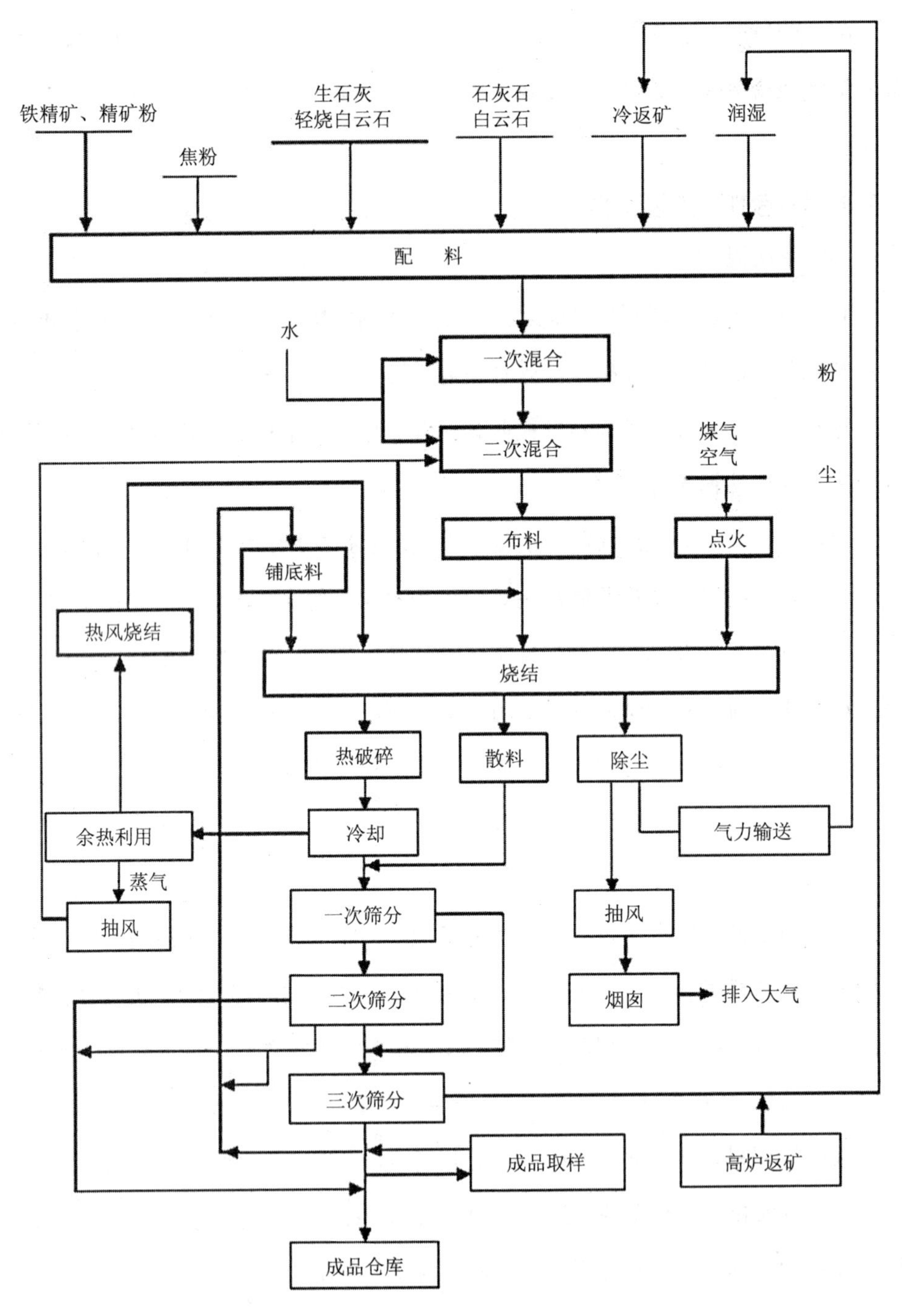

图 5-2 典型烧结生产工艺流程图

混合的目的是为了使烧结混匀料有较好的粒度组成，从而保证烧结矿的质量，提高烧结产量。混合作业中，通过加水润湿、搅拌混匀使得烧结料的成分更加均匀、水分适中，这也便于后续的造球作业。根据烧结原料性质的差异，可采用的混合流程有两种，分别是一次混合和两次混合。我国烧结厂绝大多数采用两次混合，其中两次混合的混合时间通常不能低于 3 min。

烧结是铁矿石烧结的主要工段，包括布料、点火、烧结等工序。

布料是将铺底料、烧结混匀料铺在烧结机台车上的作业。在铺烧结料之前，需要先铺一层粒度 10～25 mm、厚度 20～25 mm 的成品烧结矿，以保护炉箅、降低除尘负载、延长风机转子使用寿命、减少炉箅粘料。底料铺完后再铺烧结料，布料时要求：沿台车纵横方向，烧结料的粒度和化学成分等分布均匀，并能保持一定的松散性，且表面要平整。目前使用最为广泛的是圆棍布料机。

点火是使用点火罩对铺好的烧结料层表面进行点燃，并使料层燃烧。点火要有足够的点火温度，这取决于烧结料的熔化温度，一般控制在 1 250±50℃；确保适宜的点火时间，一般控制在 40～60 s；沿台车宽度方向均匀点火；点火真空度一般控制在 4～7 kPa，点火深度则控制在 10～20 mm。

烧结是铁矿石烧结最主要的过程，通常需要准确控制五个参数：①风量，一般控制在每吨烧结矿 3 200 m^3 左右的风量；②真空度，取决于风机抽风能力、系统风阻、烧结料层透气性以及漏风损失；③料层厚度，其选取能直接影响到烧结矿的品质，国内烧结机一般采用 250～500 mm 的料层厚度；④机速，机速的控制需要保证烧结料在到达烧结终点前烧透烧好，实际生产中一般控制在 1.5～5 m/min；⑤烧结终点，烧结终点的控制即是料层烧结全部完成时台车所处位置的控制，一般而言，中小型烧结机烧结终点位置控制在倒数第二个风箱处，大型烧结机烧结终点位置控制在倒数第三个风箱处。

烧结矿成品处理包括热破碎、热筛分、冷却、冷破碎、冷筛分及成品运输等工序。

返矿是指将烧结工艺流程的各个工序中产生的部分散料和小颗粒物料进行回收再利用的过程。

5.1.4 烧结烟气中的污染物排放

铁矿石烧结过程中烟气排放的主要污染物包括：烟尘、二氧化硫、氮氧化物、温室气体、二噁英及重金属等。

烧结烟气中含有大量烟尘，个别情况下烟尘质量浓度可达 10 g/m^3 以上，烟尘主要由金属、金属氧化物、金属盐、不完全燃烧物质等组成，烧结产生的二噁英主要就附着在这些烟尘上。烧结烟尘的粒径主要分布在 1 μm 附近和 100 μm 附近两个区域（图 5-3）。

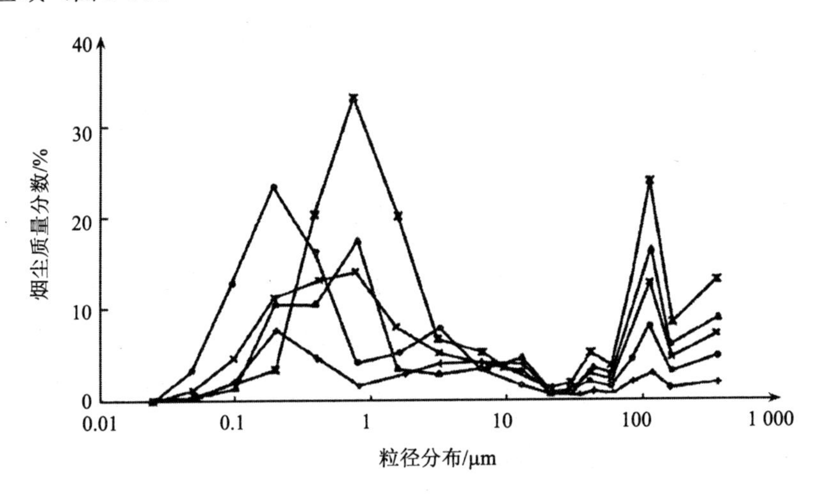

图 5-3 烧结烟气中烟尘的颗粒分布

烧结烟气中的二氧化硫主要由含铁原料和燃料中的硫燃烧生成，由于烧结原料的不同，带入的硫含量也不同，通常在 0.3～0.8 kg/t。烟气中的二氧化硫质量浓度差异较大，常见的波动范围为 300～2 000 mg/m³。

烧结烟气中的氮氧化物主要来自点火阶段、固体燃料燃烧和高温反应过程，主要由燃料中含有的氮在热分解后与氧反应生成，烟气中氮氧化物的质量浓度一般在 150～500 mg/m³。

研究人员对我国部分烧结机烟气中二氧化硫、氮氧化物、二噁英的含量进行了测试（图 5-4）：结果显示，约 1/3 的烧结机烟气中二氧化硫含量在 2 000 mg/m³ 以上，有近 2/3 的烧结机烟气中二氧化硫含量在 600～2 000 mg/m³；大部分烧结机烟气中氮氧化物含量在 300 mg/m³ 以下；一半的烧结机烟气中二噁英含量在 1 ng TEQ/m³ 以上。

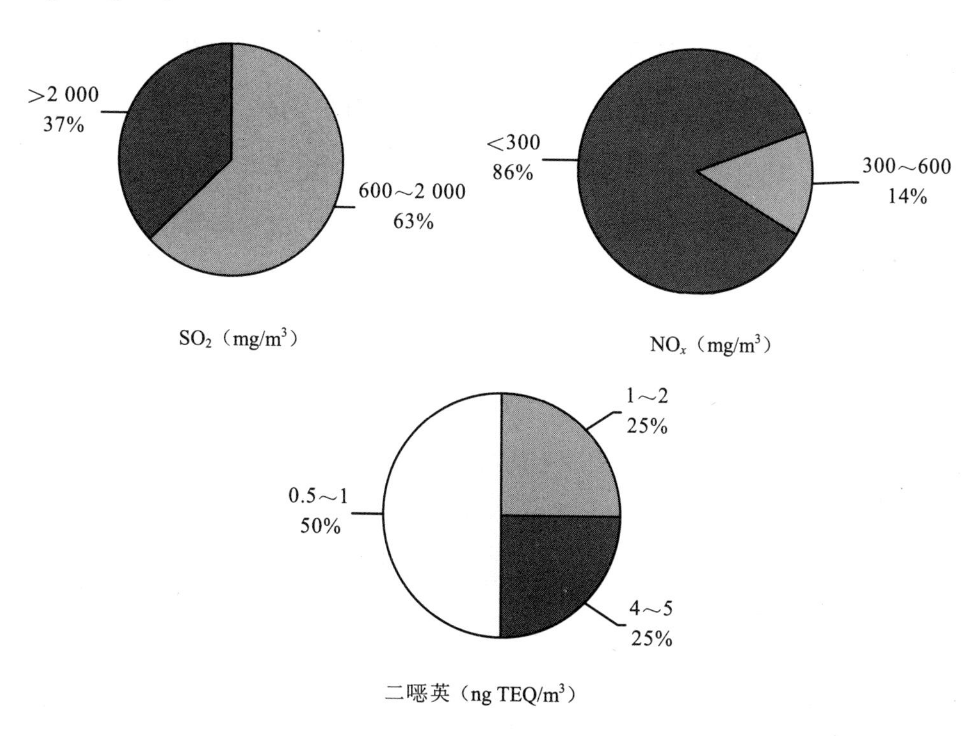

图 5-4　我国部分烧结机烟气中污染物含量排放特征

5.2 铁矿石烧结行业二噁英污染控制技术解析

5.2.1 烧结过程生成二噁英的影响因素

烧结过程已经被确认是二噁英的产生源，烧结过程中二噁英的形成是一个复杂的过程，它们很可能是在铁烧结过程中通过从头合成反应而形成的。一般来说，烧结车间所产生的废气里最主要的污染物是PCDFs。

二噁英的生成条件包括碳源、氯源、温度、氧浓度、催化剂和水分等。

碳源主要来自烧结通常使用的燃料焦炭和无烟煤。

烧结过程中可能的氯源包括铁矿石本身的杂质、氧化铁皮、焦炭和无燃煤中的杂质等。

二噁英最适宜生成的温度区间为300～500℃，这个温度区间主要存在于铁矿石被点燃的过程及烟气排放的降温过程。

催化剂主要来自原料，铁本身就是一种催化能力相对较弱的催化剂，同时铁矿石中有时还含有其他催化能力较强的金属（如铜等）。

Masanori等人的研究结果（表5-1）显示，当在烧结原料中不加入氧化铁皮、高炉飞灰（BF灰）、电除尘飞灰（EP灰），燃料使用无烟煤且不添加生石灰时（试验编号1），烟气中二噁英的质量浓度为0.3 ng TEQ/m^3；当添加氧化铁皮、BF灰和/或EP灰后，烟气中的二噁英浓度迅速升高；在烧结原料类似的情况下，当添加生石灰后，烟气中的二噁英浓度明显下降。因此，可以看出原料中使用的高炉飞灰（BF灰）、电除尘飞灰（EP灰）、氧化铁皮是二噁英生成的促进剂，生石灰是二噁英生成的抑制剂。

表 5-1　配料对二噁英排放的影响

试验编号	外购氧化铁皮/%	厂内氧化铁皮/%	BF 灰/%	EP 灰/%	无烟煤/%	生石灰/%	烟气中二噁英质量浓度/（ng TEQ/m^3）	与基准值的比值
1	0	0	0	0	0	0	0.3	1
2	0	0	0	5	1.5	2	7.3	24
3	0	5	5	0	0	2	2.2	88
4	0	5	5	5	1.5	0	51.0	170
5	5	0	5	0	1.5	2	3.3	11
6	5	0	5	5	0	0	220.0	733
7	5	5	0	0	1.5	0	2.6	9
8	5	5	0	5	0	2	43.0	143

资料来源：Masanori，N.等.铁矿石烧结过程二噁英排放的影响因素研究.世界钢铁，2012（2）：1-5.

5.2.2　铁矿石烧结行业二噁英控制技术的全过程管理

与电弧炉炼钢行业相似，铁矿石烧结行业的二噁英污染控制技术也包括源头控制、过程减排和后期治理三个方面。

5.2.2.1　源头控制

源头控制主要针对烧结原料，包括原料的选择和原料的预处理。

从烧结过程中二噁英的生成机理来看，能够在烧结原料前处理部分加以控制的因素主要有铜等过渡金属及氯元素的含量，可通过洗涤或者高温处理的方式减少这两种元素的含量，这对减少烧结过程中二噁英的生成具有重大意义。通过对原料进行分类和筛选，减少油漆、涂料、塑料、聚氯乙烯等含氯有机物的使用量能有效降低二噁英的生成量；高炉除尘灰和轧钢氧化铁皮中氯元素含量相对较高，减少这些物质的掺用比例或者对这些物质进行除氯处理能够有效减少烧结料中的氯含量；为了减少二噁英生成的氯源，处理过的冷轧废水不能作为浊循环的补充水再次用于轧钢冲氧化铁皮，也不能作为矿石料场洒水来使用；铜等过渡金属元素对二噁英的生成具有催化作用，因此选用铜含量较低的铁矿石作为烧结原料能有效降低二噁英的生成量。

也就是说，原料控制方面，原料中与二噁英的形成相关的物质，如氯、碳、油脂及其他有机物等，应尽可能减少。一是尽量选择不利于二噁英生成的原辅材料，包括避免使用静电除尘器的烧结物粉尘，限制进料物料的含油量（如低于0.02%）等。二是消除原辅材料中的有害物质，如去除切削油等。三是尽量使用铜含量低的铁矿石原料。

此外，细小颗粒的进料（例如集尘）在投入烧结带前应进行充分的混合搅拌并凝聚成团，以减少废气中夹带和形成的污染物以及无规则的排放。

5.2.2.2 过程减排

铁矿石烧结过程中二噁英最适宜生成的温度区间（300～500℃）主要存在于铁矿石被点燃的过程、烧结过程中烧结机的料层及烟气冷却过程，因此过程减排也主要针对这三个工艺区间。

按照烧结工艺流程，铁矿石点燃后进入烧结阶段，烧结机的温度通常超过1 000℃，此温度下，二噁英会在2 s内分解，故在正常工艺条件下，铁矿石点燃过程中生成的二噁英会在烧结阶段几乎全部分解。因此，为减少铁矿石点燃过程中所生成二噁英的排放，应尽可能保证烧结机的稳定运行，减少停开机时间，从而最大可能地降低点燃过程所生成的二噁英排放进入大气的可能性。

由于铁矿石点燃过程中生成的二噁英几乎在烧结阶段全部分解，因此铁矿石烧结行业的二噁英排放几乎全部来自烧结机的料层和烟气冷却过程。

烟气循环技术是铁矿石烧结行业常用的环保技术，即让烧结产生的部分废气重新进入烧结层，与新鲜空气一起再次进入烧结料层参加反应（图 5-5）。通过这一方法，循环烟气中的二噁英等污染物会再次经过燃烧带，二噁英等有机污染物在烧结过程中被高温分解，可显著降低二噁英的排放量，同时还能减少氮氧化物和粉尘的排放量。此外，循环烟气自身的热量和 CO 等可燃成分也将得到更充分的利用，从而降低烧结过程的能耗。因此，烟气循环技术的应用，在减少废气量、节约固体燃料的同时，也提高了废气中粉尘和二氧化硫的脱除效率，降低了二噁英的生成量。

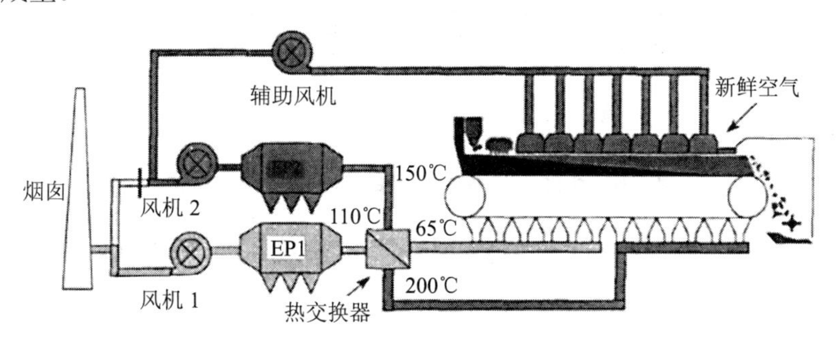

图 5-5　烧结烟气循环工艺示意图

此外，添加抑制剂也可有效降低二噁英含量，这些抑制剂包括氨、尿素、碱性吸附剂（如氧化钙、氢氧化钙等）。氨的主要作用是抑制铜等金属在二噁英生成过程中的催化作用，从而减少二噁英的生成量。尿素可以在加热状态下缓慢放出氨气，与加氨的作用方式和作用机理相同。碱性吸附剂的主要作用是去除 HCl 等酸性气体，通过减少氯源的方式降低二噁英的生成量。欧洲和北美洲的一些烧结厂测试了通过添加尿素来抑制二噁英生成的可行性，测试结果显示将尿素添加到烧结带上之后，二噁英的生成量大约降低了一半（图 5-6）。添加尿素后二噁英排放量降低了 30%～50%，而添加碳酸肼后二噁英排放量降低了 30%～80%。

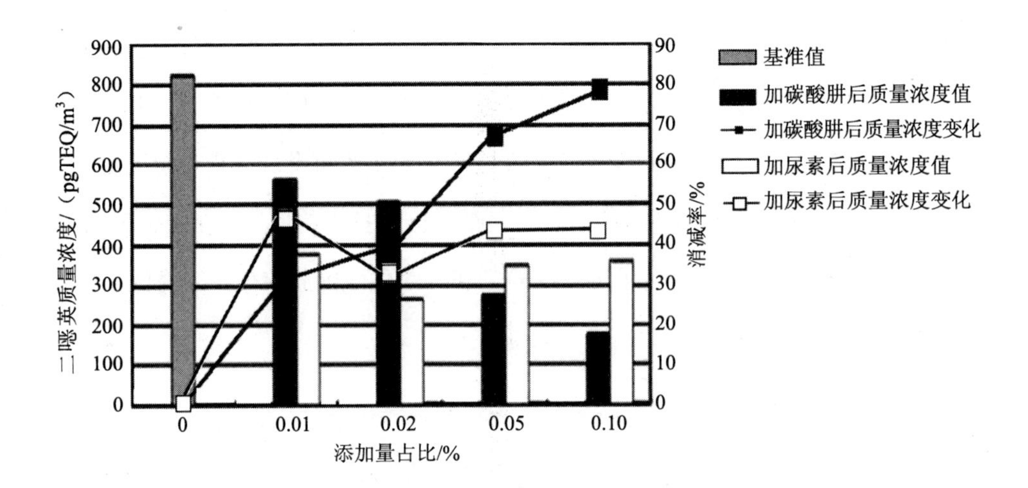

图 5-6 添加碳酰肼或尿素后二噁英的减排效果

（资料来源：谈琰.烧结工艺二噁英的过程控制与末端处理研究：[硕士论文].上海交通大学）

烟气冷却过程中二噁英的生成量与烟气中的碳、氯、氧及催化剂的含量等因素有关，也与烟气的冷却时间有关，因此，在控制原料质量减少碳、氯及催化剂含量的基础上，还可参考废弃物焚烧设施采用的喷水雾急冷等方式减少烟气降温过程中二噁英的生成。烟气快速冷却普遍应用于垃圾焚烧炉中，在二噁英大量生成的燃后低温区（200～500℃）安装水冷装置，减少烟气在此温度段的停留时间能大大减少二噁英的生成。这一方法也可以应用于烧结过程，烧结烟气在经过烟道时温度逐渐降低，当降到二噁英的生成温度区间（200～500℃）时会有大量二噁英重新生成，因此可以选择在烟气管道处安装急冷塔等烟气冷却设备，使烟气温度迅速降到200℃以下，从而有效降低燃后区二噁英的重新生成。

近年来，欧美发达国家和地区开发了选择性催化技术，烧结烟气在排放前先通过催化剂层，其中的二噁英被氧气氧化生成CO_2、水和HCl等，常用的催化剂有以氧化钛为载体的钒、钨、钼等过渡金属催化剂以及以硅胶、活性炭等为载体的金、钯、铂等贵金属催化剂。

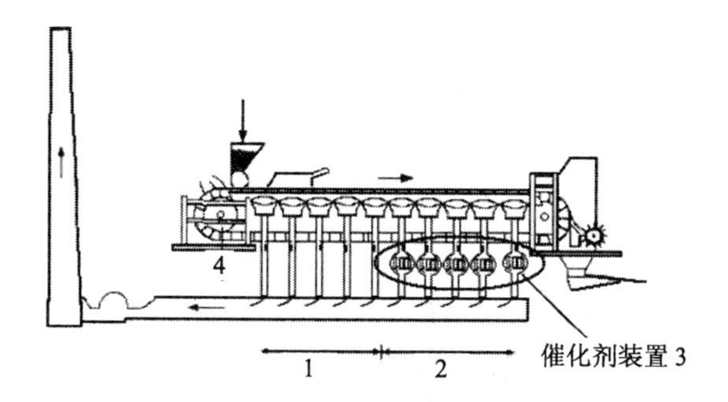

图 5-7　选择性催化技术流程（一）示意图

图 5-7 是一种典型的选择性催化技术流程示意图，烧结过程中，物料在传送动力装置（图 5-7 中 4）作用下，在点燃后随烧结台车自左向右移动，在台车正下方有一排风箱连接至主排风管道。风箱中烟气的温度从左到右依次升高，在低于 250℃的区域（图 5-7 中 1）基本不生成二噁英，烟气可直接进入末端治理设施并排放；而在高于 250℃容易生成二噁英的区域（图 5-7 中 2），烟气需经过一个催化剂装置（图 5-7 中 3），催化分解其中的二噁英后才可进入末端治理设施。这种方式的缺点主要有两个，一是所有生成的二噁英都需进行催化分解，影响催化剂的寿命；二是通过催化剂装置的烟尘很多，容易造成堵塞和催化剂中毒。

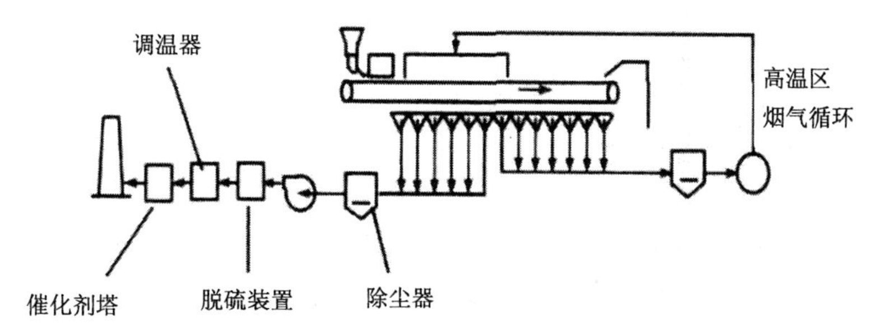

图 5-8　选择性催化技术流程（二）示意图

图 5-8 是另一种选择性催化技术流程示意图，结合了烟气循环技术和选择性催化技术，高温区的烟气进行循环利用和处理，低温区的烟气先进行除尘、脱硫

等末端治理程序再进入催化剂装置。在这种流程下，烟气先经过末端治理程序，然后再进行选择性催化分解二噁英，催化剂装置内烟气相对比较干净，延长了催化剂使用寿命，但需要在进入催化剂装置前进行温度调节，以保证催化效率。

5.2.2.3 后期治理

类似于电弧炉炼钢行业，铁矿石烧结行业二噁英的后期治理也主要有粉尘收集及固体废物、废水的处理处置三个方面，主要包括物理吸附和高效除尘技术。末端治理实际上只是将废气中附着在粉尘上的二噁英收集起来，并没有减少二噁英的生成量，必须要结合对粉尘的进一步处理，如作为含铁原料回用等方式，才能除去粉尘上的二噁英。

二噁英可被多孔物质吸附，例如活性炭、焦炭、褐煤等，其中活性炭具有较大的比表面积，吸附能力非常突出，不但可以吸附二噁英，还可以吸附氮氧化物、硫氧化物和重金属；褐煤也是良好的吸附剂，虽然其吸附性能只有活性炭的 1/3，但价格相对较低。活性炭或褐煤的喷入将增加烟气中的粉尘量，加大除尘负荷，并且这些粉尘中包含有大量被吸附的二噁英，因此布袋除尘器的除尘效果显得尤为重要。普遍有三种活性炭使用方法：携流床即活性炭喷射吸附、固定床以及移动床吸附。有研究结果表明，通过活性炭和布袋除尘结合使用的方式，大部分烧结烟气中的二噁英都能被有效去除，二噁英的脱除率可达到 80%以上。

粉尘的高效收集技术包括将二噁英吸附到活性炭等吸附剂上（图 5-9）：同时采取高效的颗粒物控制手段。铁矿石烧结行业常用的高效除尘装置有静电除尘器、袋式除尘器等，在烧结机工况良好且除尘器正常运行的情况下，使用高效除尘装置后二噁英大气排放质量浓度可控制在 0.1～0.5 ng TEQ/m^3。

有国内的研究资料（图 5-9）显示，当在烟气除尘阶段以固定速率投加活性炭后，排放烟气中二噁英浓度明显下降。

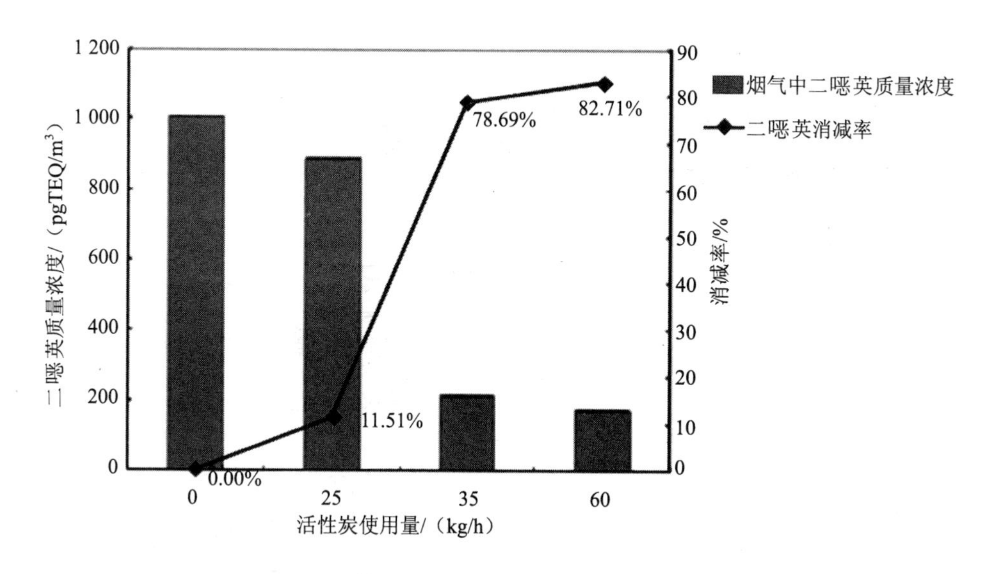

图 5-9　使用活性炭吸附后二噁英的减排效果

（资料来源：谈琰. 烧结工艺二噁英的过程控制与末端处理研究：[硕士论文]. 上海交通大学）

奥地利奥钢联钢铁公司开发的 MEROS（maximized emission reduction of sintering）工艺的原理为：石灰和焦炭作为添加剂，被均匀、高速并以逆流形式喷射到烧结烟气中，与酸性组分发生反应，然后利用调节反应器中的高效双流（水和压缩空气）喷嘴加湿冷却烧结烟气。离开调节反应器后，含尘烟气通过脉冲袋滤器，除去烟气中的粉尘颗粒。MEROS 法集脱硫，除尘，脱 HCl、HF 和二噁英类污染物于一身，并可几乎全部除去挥发性有机化合物（VOCs）可冷凝部分，使烧结烟气中含有的灰尘、有害金属和有机物成分以较低水平排放。图 5-10 为 MEROS 法的工艺流程图。

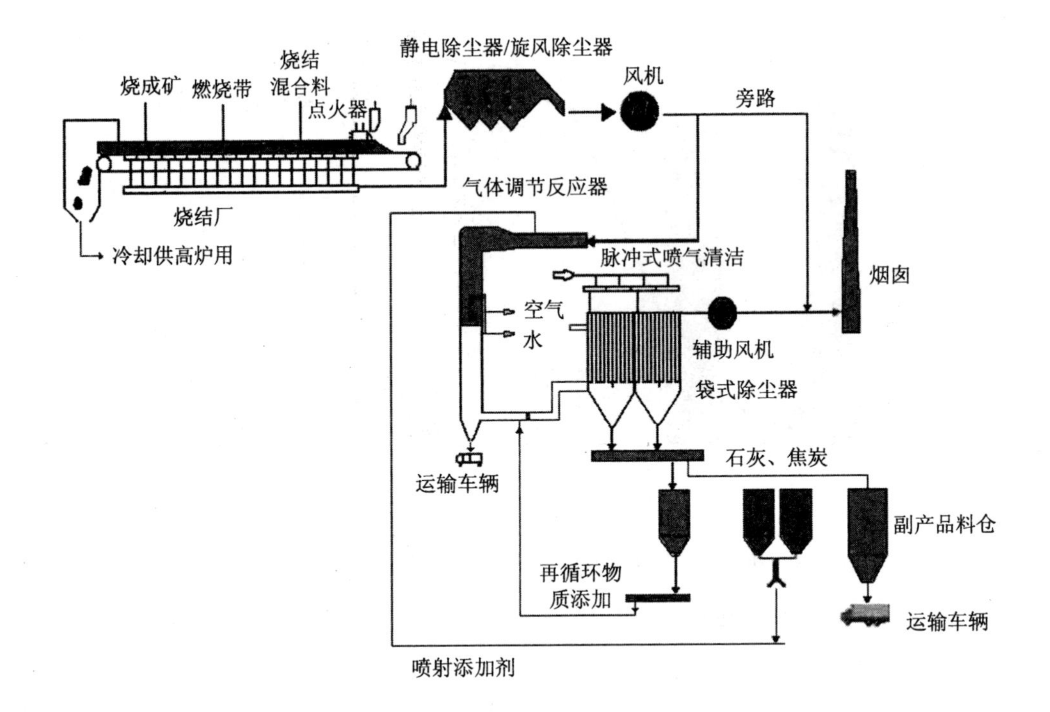

图 5-10　MEROS 法工艺流程

奥钢联钢铁公司建设了 1 座 MEROS 装置，处理烟气量 62 万 m^3/h，2007 年建成投运。系统投运后运行顺利，作业率超过了 99%，烧结烟气的净化效率完全达到了预期指标。出口烟气的含尘质量浓度小于 5 mg/m^3，排放量减少了 99%以上；二噁英（PCDD/Fs）去除率 99%以上，降到 0.1 ng TEQ/m^3；汞、铅和挥发性有机物的可冷凝部分的去除率分别达到 97%、99%和 99%；SO_2 排放也大大低于以前的水平。在中国，马鞍山钢铁股份有限公司 300 m^2 烧结机于 2009 年建成 MEROS 装置，处理烟气量为 52 万 m^3/h，脱硫后，日平均外排的烟气中 SO_2 质量浓度为 200 mg/m^3 以下，烟气含尘量小于 50 mg/m^3。

鼓励对铁矿石烧结烟气净化设施产生的含二噁英烟尘进行综合利用，铁矿石烧结机头的高效除尘器产生的飞灰可以作为烧结原料部分或全部回用，有效降低了二噁英向环境的排放。

5.3 推荐的二噁英控制技术

经过对烧结厂二噁英污染防治技术文献调研和现场调研，比较分析其技术、经济、环境效益，提出适用于我国重点区域的烧结（球团）厂二噁英污染防治最佳可行技术。考虑的技术因素主要包括技术的适应性、可靠性、先进性、污染物去除效果、能源资源消耗水平等；考虑的经济因素主要包括一次投资费用和运行费用等；考虑的环境因素主要包括对环境的正面影响（污染的削减）和对环境的负面影响（技术产生的二次污染）。

二噁英污染防治包括原辅料控制、过程控制及末端治理几个方面。

原料控制：尽量使用铜含量低的铁矿石原料，减少具有高催化活性的催化剂。对氧化铁皮等废料进行除油处理，减少入炉有机物数量。对飞灰进行造粒处理后再入炉，提高烧结料层的透气性。

辅助材料控制：使用无烟煤作为碳源，不添加氯化钙，减少氯源入炉量。

过程控制：使用烟气循环技术，将形成的二噁英等有机污染物在烧结过程中高温分解。添加氨、尿素、碱性吸附剂（如氧化钙、氢氧化钙等）作为抑制剂，降低二噁英生成量。

末端治理：推荐使用袋式除尘器、静电除尘器等高效除尘装置，并辅以活性炭或其他高性能吸附装置。收集的粉尘应再次进行高温处理，除去吸附的二噁英。

其中烧结烟气处理技术（烟气循环技术、静电除尘器（ESP）后附加袋式除尘技术、活性炭脱硫脱氮脱二噁英一体化技术）的适用条件和排放水平见表 5-2。

表 5-2 烧结烟气最佳可行技术的适用条件及排放水平

最佳可行技术	适用条件	排放水平
烟气循环技术	适用于新建、改建、扩建的烧结（球团）设备。在设计阶段考虑烟气余热利用	烧结烟气可用做助燃空气，经过烧结高温区焚烧以后二噁英排放总量可以明显降低（降低 60%～70%）；减少 NO_x 及烟尘的排放量（减排近 45%）
静电除尘器后附加袋式除尘技术	适用于现有、新建和改扩建烧结设备	技术成熟可靠，对二噁英减排效果高，ESP 减排在 50%～60%，袋式除尘器减排在 85%～95%，总减排效果在 95%～99%
活性炭脱硫脱氮脱二噁英一体化技术	适用于现有、新建和改扩建烧结设备	各种污染物的净化效率在 95%以上并回收硫资源，是烧结烟气污染治理的方向

为实现烧结企业的二噁英污染控制，建议国家或行业可采用如下导向的技术政策：

（1）按照《产业结构调整指导目录》关于铁矿石烧结行业的相关要求，加快淘汰 90 m^2 以下小型烧结机。

（2）鼓励新建设施统筹考虑二噁英削减控制的需要，选择先进工艺、优化工程设计，实现常规污染物（NO_x、SO_2、颗粒物、重金属等）与二噁英的协同减排。

（3）铁矿石烧结应通过选用低氯化物含量原料、减少氯化钙熔剂的使用、对加入原料中的轧钢皮进行除油等预处理措施，在源头控制二噁英生成。

（4）鼓励采用烟气循环技术以减少废气量和二噁英排放量。烧结过程中，集尘设备入口废气温度应在 200℃以下，并应具备实时显示废气温度的监测设施。

（5）烧结设施应配备袋式除尘器、静电除尘器等高效除尘器，鼓励采用静电除尘器后附加袋式除尘、活性炭喷射等烟气综合净化设施。

5.4 二噁英污染控制技术应用实例

太原钢铁集团（以下简称“太钢集团”）针对减少烧结过程中的二噁英产生和排放问题，开展了以下几方面的工作。

5.4.1 原料选择与预处理

在原料控制上，太钢集团主要采取了以下措施：

一是在铁矿石原料选择方面，考虑到铜对二噁英的生成具有较强的催化作用，太钢集团在评价选择铁矿石原料时，除了考虑铁的品位、粒度组成和成本等因素外，将铜的含量也列为评价指标，同等条件下优先选择采购含铜量极低的铁精矿粉作为烧结原料，从而减少对二噁英生成的促进作用。

二是对精矿粉实施强化制粒，以改善其制粒效果，提高料层的透气性。

三是取消了向成品烧结矿喷洒氯化钙，从而减少了烧结矿中的氯含量，进而减少二噁英的生成。

四是对氧化铁皮的配用进行了优化，将氧化铁皮由烧结配用优化为配入Oxycup富氧竖炉中，以减少其带入烧结混合料中的油脂含量和氯含量，从而降低二噁英生成量。轧钢氧化铁皮是烧结生产中常用的含铁回收物料，其铁品位高，烧结过程中氧化放热，有利于提高烧结矿品位和降低固体燃料消耗，但轧钢氧化铁皮形成过程中附着的油脂是二噁英生成的氯源。太钢在已有的两台大型烧结机上开展了配加与不配加氧化铁皮的工业性生产试验，对两台烧结机产生的烟气进行取样分析，结果显示使用轧钢氧化铁皮后，烟气中的二噁英含量提高了一倍。

5.4.2 烧结工艺与烧结过程控制优化

太钢集团对烧结工艺的优化主要集中在料层的透气性方面。一是采取了合理分配一混和二混加水比例、改造制粒机出料口、添加水使用热水和混合料仓蒸汽保温等一系列措施，以改善混合料制粒效果和提高混合料温度，达到改善烧结混合料原始透气性和烧结过程透气性的效果，从而减少二噁英生成。二是开发了横向偏差自动控制技术，通过烧结台车横断面上的 6 个条带的废气温度变化进行布料控制，实现根据料层透气性和烧结状态进行差异化布料，以达到台车横向烧结过程同步下移的效果，缩短烧结烟气在二噁英易生成温度区间的停留时间，从而减少二噁英的生成。

5.4.3 五位一体的烟气二噁英减排技术

太原钢铁集团于 2010 年从日本引进并建成了国内第一套采用活性炭吸附技术对烧结烟气进行脱硫净化的装置，该装置可以同时实现脱硫、脱硝、脱二噁英、脱重金属、除尘的功能。其主要设备由三个主要部分构成：一是脱除有害物质的吸附反应塔，二是再生活性炭的再生塔，三是活性炭在吸附塔与再生塔之间循环移动使用的活性炭运输机系统，主要工艺如图 5-11 所示。

通过在主风机下方配制的增压风机，将烧结烟气引入吸附装置中，在已有的烧结烟气中的二氧化硫、灰尘、二噁英等有害物质被活性炭吸附，活性炭经加热脱硫后再生并再次进入吸附装置中。被吸附在活性炭上的二噁英，在无氧的环境下，在 400～500℃下加热，发生除氯反应，或者切除氧气交联结构的反应等，从而达到无害化分解。

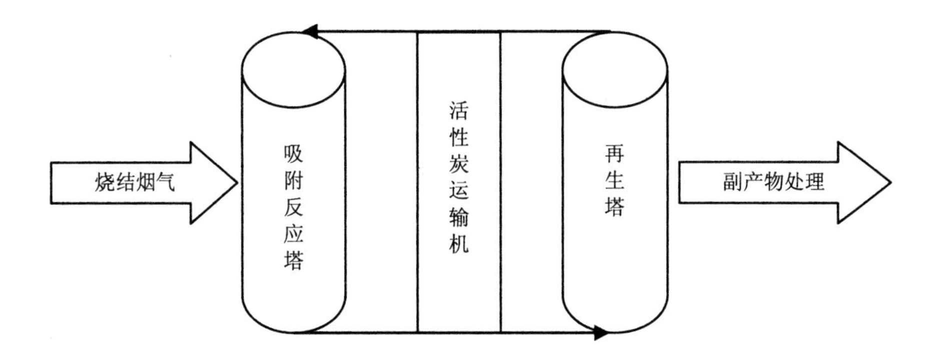

图 5-11 太钢集团活性炭吸附装置脱硫工艺

太钢集团的两台特大型烧结机都采用了活性炭脱硫、脱硝和同步脱二噁英的烟气净化工艺，实现了一体化脱硫、脱硝、脱二噁英、脱重金属及除尘的烟气集成深度净化。根据太钢集团提供的材料，实施该项目后，每年可减少二氧化硫排放1.6万t、粉尘排放2 000多t、二噁英排放90%，极大地减少了烧结烟气对环境的污染。太钢集团还对烧结机烟气净化前后的二噁英含量进行了检测，如表5-3所示。

表 5-3 太钢集团 450 m^2 烧结机烟气中二噁英含量 单位：ng TEQ/m^3

	A线		B线	
	净化前	净化后	净化前	净化后
第1次	3.6	0.098	3.5	0.062
第2次	0.99	0.19	2.6	0.030
第4次	1.7	0.069	1.7	0.027
平均	2.1	0.12	2.6	0.040

由此可见，实施了五位一体的烟气净化装置后，太钢集团450 m^2烧结机烟气中二噁英含量比净化前下降了 90%以上，二噁英排放浓度不但完全符合我国从2015年开始实施的新标准（0.5 ng TEQ/m^3），而且基本符合欧美日等发达国家和地区实施的更高的环境保护要求（0.1 ng TEQ/m^3）。

参考文献

[1] Aries，E.，Anderson，D. R.，Fisher，R.，et al. PCDD/Fs and “dioxin-like” PCB emissions from iron ore sintering plants in the UK. Chemosphere，2006，65（9）：1470-1480.

[2] Chang，M. B.，Huang，H. C.，Tsai，S. S.，et al. Evaluation of the emission characteristics of PCDD/Fs from electric furnaces. Chemosphere，2006，62（11）：1761-1773.

[3] Chen，C. M.. The emission inventory of PCDD/PCDF in Taiwan. Chemosphere，2004，54（10）：1413-1420.

[4] Chiu，J. C.，Shen，Y. H.，Li，H. W.，et al. Emissions of polychlorinated dibenzo-p-dioxins and dibenzofurans from an electric arc furnace，secondary aluminum smelter，crematory and joss paper incinerators. Aerosol Air Qual Res，2011，11（1）：13-20.

[5] Cleverly，D.，Schaum，J.，Winters，D.，et al. The inventory of sources of dioxin in the United States. Organohalogen Compounds，1998，36：1-6.

[6] EPA，U. S.. An inventory of sources and environmental releases of dioxin-like compounds in the United States for the Years 1987，1995，and 2002. http://www.epa.gov/ncea/pdfs/dioxin/2006/dioxin.pdf.

[7] EPA，U. S.. Exposure and human health reassessment of 2,3,7,8-tetrachlorodibenzo-p-dioxin（TCDD）and related compounds，Part I，Vol. 2：sources of dioxin-like compounds in the United

States. Draft（external） Final Report，EPA/600/P-00/001Cb，National Center for Environmental Assessment，Washington，DC，2001.

[8] Fiedler，H.，Lau，C.，Eduljee，G.. Statistical analysis of patterns of PCDDs and PCDFs in stack emission samples and identification of a marker congener. Waste Manage Res 2000，18（3）：283-292.

[9] Fiedler，H.. National PCDD/PCDF release inventories under the Stockholm convention on persistent organic pollutants. Chemosphere，2007，67（9）：S96-S108.

[10] Lee，W. S.，Chang-Chien，G. P.，Wang，L. C.，et al. Source identification of PCDD/Fs for various atmospheric environments in a highly industrialized city. Environ Sci Technol，2004，38（19）：4937-4944.

[11] Li，H. W.，Lee，W. J.，Tsai，P. J.，et al. A novel method to enhance polychlorinated dibenzo-p-dioxins and dibenzofurans removal by adding bio-solution in EAF dust treatment plant. J Hazard Mater，2008，150（1）：83-91.

[12] LUA. Identification of relevant industrial sources of dioxins and furans in Europe. Germany，North Rhine-Westphalia State Environment Agency，1997.

[13] Lv，P.，Zheng，M. H.，Liu，G. R.，et al. Estimation and characterization of PCDD/Fs and dioxin-like PCBs from Chinese iron foundries. Chemosphere，2011，82（5）：759-763.

[14] Mao，X. M.，Zhang，Y. B.，Huang，Z. C.，et al. Pilot-scale investigation on microwave heating ignition in iron ore sintering. J Iron Steel Res Int，2009，16：239-242.

[15] Masanori，N.，Shinji，K.，Kazuyuki，M.，et al. 铁矿石烧结过程二噁英排放的影响因素研究，世界钢铁，2012（2）：1-5.

[16] NIP，C. S.. National implementation plan for the Stockholm Convention on Persistent Organic Pollutants. http://www.pops.int/documents/implementation/nips/submissions/China_NIP_En.pdf. 2007.

[17] Oh，J. E.，Touati，A.，Gullett，B. K.，et al. PCDD/Fs TEQ indicators and their mechanistic implications. Environ Sci Technol，2004，38（17）：4694-4700.

[18] Ooi，T. C.，Lu，L.. Formation and mitigation of PCDD/Fs in iron ore sintering. Chemosphere，2011：291-299.

[19] UNEP. Dioxin and furan inventories：National and regional emissions of PCDD/PCDF. 1999.

[20] UNEP. Proposal to list chlorinated naphthalenes in Annexes A，B and/or C to the Stockholm Convention on Persistent Organic Pollutants. http://chm.pops.int/Convention/POPsReviewCommittee/Chemicals/tabid/243/Default.aspx. 2011.

[21] UNEP. Standardized toolkit for identification and quantification of dioxin and furan releases. 2005. http://www.pops.int/documents/guidance/toolkit/ver2_1/Toolkit-2005_2-1_en.pdf.

[22] Van den Berg，M.，Birnbaum，L. S.，Denison，M.，et al. The 2005 World Health Organization reevaluation of human and mammalian toxic equivalency factors for dioxins and dioxin-like compounds. Toxicol Sci，2006，93（2）：223-241.

[23] Wang，L. C.，Lee，W. J.，Tsai，P. J.，et al. Emissions of polychlorinated dibenzo-p-dioxins and dibenzofurans from stack flue gases of sinter plants. Chemosphere，2003，50（9）：1123-1129.

[24] Wang，L. C.，Wang，Y. F.，Hsi，H. C.，et al. Characterizing the emissions of polybrominated diphenyl ethers（PBDEs）and polybrominated dibenzo-p-dioxins and dibenzofurans（PBDD/Fs）from metallurgical processes. Environ Sci Technol，2010，44（4）：1240-1246.

[25] Wania，F.，Mackay，D.. Peer reviewed：tracking the distribution of persistent organic pollutants. Environ Sci Technol，1996，30（9）：390-396.

[26] Wikstrom，E.，Ryan，S.，Touati，A.，et al. Key parameters for denovo formation of polychlorinated dibenzo-p-dioxins and dibenzofurans. Environ Sci Technol，2003，37（9）：1962-1970.

[27] Yu，K. M.，Lee，W. J.，Tsai，P. J.，et al. Emissions of polychlorinated dibenzo-p-dioxins and dibenzofurans（PCDD/Fs）from both point and area sources of an electric-arc furnace-dust

treatment plant and their impacts to the vicinity environments. Chemosphere，2010，80（10）：1131-1136.

[28] Zheng，G. J.，Leung，A. O. W.，Jiao，L. P.，et al. Polychlorinated dibenzo-p-dioxins and dibenzofurans pollution in China：Sources，environmental levels and potential human health impacts. Environ Int，2008，34（7）：1050-1061.

[29] 国家统计局. 持久性有机污染物排放统计报表制度公告. 2011. http://www.stats.gov.cn/tjfw/bmdcxmsp/bmdcspgg/201105/t20110511_60404.html.

[30] 国家统计局. 中国统计年鉴（2012）. 2012. http://www.stats.gov.cn/tjsj/ndsj/2012/indexch.htm.

[31] 国务院. 全国主要行业持久性有机污染物污染防治“十二五”规划. 2012. http://www.gov.cn/gzdt/2012-02/02/content_2057205.htm.

[32] 国务院. 中国履行《关于持久性有机污染物的斯德哥尔摩公约》国家实施计划. 2007. http://www.pops.int/documents/implementation/nips/submissions/China_NIP_En.pdf.

[33] 环境保护部. 钢铁工业污染防治技术政策. 2013. http://kjs.mep.gov.cn/hjbhbz/bzwb/wrfzjszc/201306/t20130603_253123.htm.

[34] 环境保护部. 钢铁烧结、球团工业大气污染物排放标准. 2012. http://kjs.mep.gov.cn/hjbhbz/bzwb/dqhjbh/dqgdwrywrwpfbz/201207/t20120731_234140.htm.

[35] 环境保护部. 关于加强二噁英污染防治的指导意见. 2010. http://www.mep.gov.cn/gkml/hbb/bwj/201011/t20101104_197138.htm.

[36] 环境保护部. 关于开展 2009 年全国持久性有机污染物更新调查的通知. 2009. http://www.mep.gov.cn/gkml/hbb/bgt/200910/t20091022_174801.htm.

[37] 环境保护部. 关于开展全国持久性有机污染物调查的通知. 2006. http://www.mep.gov.cn/gkml/zj/wj/200910/t20091022_172436.htm.

[38] 环境保护部. 炼钢工业大气污染物排放标准. 2012. http://kjs.mep.gov.cn/hjbhbz/bzwb/dqhjbh/dqgdwrywrwpfbz/201207/t20120731_234142.htm.

[39] 环境保护部. 炼铁工业大气污染物排放标准. 2012. http://kjs.mep.gov.cn/hjbhbz/bzwb/dqhjbh/dqgdwrywrwpfbz/201207/t20120731_234141.htm.

[40] 环境保护部. 中国统计年鉴（2001-2013）. http://zls.mep.gov.cn/hjtj/qghjtjgb/

[41] 金宜英，聂永丰，田洪海，等. 布袋除尘器和活性炭滤布对烟气中二噁英类的去除效果[J]. 环境科学，2003，24（2）：143-146.

[42] 联合国环境规划署. 关于持久性有机污染物的斯德哥尔摩公约. 2001. http://chm.pops.int/TheConvention/PublicAwareness/10thAnniversary/tabid/2231/Default.aspx.

[43] 联合国环境规划署. 针对《斯德哥尔摩公约》第五条和附件C的最佳可行技术和最佳环境实践. 2006. http://chm.pops.int/Implementation/BATandBEP/Overview/tabid/371/Default.aspx.

[44] 李强. 太钢烧结烟气二噁英减排技术应用及分析[J]. 环境工程，2013（4）：93-96.

[45] 龙红明，李家新，王平，等. 尿素对减少铁矿烧结过程二噁英排放的作用机理[J]. 过程工程学报，2010（5）：944-949.

[46] 孙昧，欧仕益，彭喜春.二噁英类化学物质生物检测方法研究进展[J]. 环境与职业医学，2007，24（2）：218-221.

[47] 谈琰. 烧结工艺二噁英的过程控制与末端处理研究：[硕士论文]. 上海交通大学，2012.

[48] 王承智，石荣，祁国恕，等. 二噁英类物质检测分析技术进展[J]. 环境保护科学，2006，32（2）：30-35.

[49] 肖扬，翁得明. 烧结生产技术[M]. 北京：冶金工业出版社，2013：3-14.

[50] 杨红博，李咸伟，俞勇梅，等. 热风循环烧结对二噁英生成的影响研究[J]. 烧结球团，2011（1）：47-51.

[51] 张传秀，张培. 钢铁工业废气中的二噁英[J]. 环境工程，2011（增刊）：153-156.

[52] 朱廷钰，刘青，李玉然，等. 钢铁烧结烟气多污染物的排放特征及控制技术[J]. 科技导报，2014，32（33）：51-56.

[53] 朱廷钰. 烧结烟气净化技术[M]. 北京：化学工业出版社，2008：25-133.